EVROPA

DAVID BERLINSKI

Der Apfel der Erkenntnis

Sir Isaac Newton und die Entschlüsselung des Universums

Aus dem Amerikanischen übersetzt
von Sebastian Wohlfeil

Europäische Verlagsanstalt

Die amerikanische Originalausgabe erschien 2000 unter dem Titel »Newton's Gift. How Sir Isaac Newton unlocked the System of the World« bei The Free Press, New York

Der Titel wurde durch die Literarische Agentur Thomas Schlück GmbH, Garbsen, vermittelt.

Informationen zu unseren Verlagsprogrammen finden Sie im Internet unter www.europaeische-verlagsanstalt.de

Die Deutsche Bibliothek – CIP-Einheitsaufnahme

Ein Titeldatensatz für diese Publikation ist bei Der Deutschen Bibliothek erhältlich

Umschlaggestaltung: projekt® | Walter Hellmann, Hamburg
Signet: Dorothee Wallner nach Caspar Neher »Europa« (1945)
Herstellung: Das Herstellungsbüro, Hamburg
Satz: Greiner & Reichel, Köln
Druck und Bindung: Freiburger Graphische Betriebe

Printed in Germany
ISBN 3-434-50522-9

Inhalt

Gewidmet meinen Eltern zum neunzigsten Lebensjahr

They reckon ill that leave me out,
With me they fly, I am the wings,
I am the doubter and the doubt,
And I the hymn the Brahmin sings.

»Ihr irrt, habt ihr mich nicht im Sinn,
ich bin's, der euch zum Fliegen bringt,
bin Zweifler und der Zweifel, bin,
was hymnisch der Brahmane singt.«

Einleitung

Isaac Newton ist die überragende Gestalt in der Geschichte des westlichen Denkens, sein Einfluß ist so unausweichlich wie unermeßlich. Newton schuf die Wissenschaften der theoretischen Mechanik und der Himmelsmechanik; er entdeckte die Infinitesimalrechnung; er entwickelte eine Farbentheorie; und er trug tiefschürfende und kühne Gedanken zur reinen Mathematik, zur Optik und zur Astronomie bei. Indem er zeigte, daß eine mathematische Erforschung der physischen Welt möglich war, machte er diese Erforschung unausweichlich.

Die Newtonsche Mechanik ist nicht nur die erste, sondern auch die größte aller wissenschaftlichen Theorien. Sie liefert Erklärungen für eine Vielzahl unterschiedlicher irdischer und himmlischer Phänomene. Innerhalb der Grenzen ihres Anwendungsbereichs ist sie außerordentlich genau. Und sie verkörpert Einfachheit und Reichweite in einer Verbindung, die jeder anderen wissenschaftlichen Theorie noch immer versagt bleibt.

Das sind sehr gewichtige Tugenden. Sie erklären Newtons Einfluß zum großen Teil, aber nicht ganz.

Newtons Meisterstück sind *Die mathematischen Grundlagen der Naturlehre* oder die *Principia*, wie das Werk (nach seinem lateinischen Titel) allgemein genannt wird. Etwas wie die *Principia* hatte es vor dem siebzehnten Jahrhundert nicht gegeben, und genaugenommen hat es so etwas auch seither nicht gegeben. Zu einem sehr großen Teil waren es die *Principia*, die jene wilden und dunklen Gewalten entzündeten, die im siebzehnten Jahrhundert die mathematische Physik hervorbrachten und die ihr Feuer mehr als dreihundert Jahre lang genährt haben.

Das Newtonsche Universum ist mechanisch in dem Sinne, daß es sich wie ein Uhrwerk aus sich selbst erhält. Alles ist geordnet. Planeten folgen unerschütterlich den vorgeschriebenen Bahnen und halten sich dabei im Gleichgewicht. Physikalische Prozesse spielen sich in einem unveränderlichen Gewölbe des absoluten Raumes und in Einklang mit dem unveränderlichen Takt der absoluten Zeit ab. Machtvoll in den Raum hineinwirkend, unterwirft die universelle Kraft der Gravitation alle materiellen Objekte einem einzigen Modus der Anziehung. Und all dies geschieht in Übereinstimmung mit einfachen mathematischen Gesetzen.

Newtons großartige Vision des *Weltsystems* hat die Tagesordnung der Forschung mehr als dreihundert Jahre lang bestimmt. Jetzt, da das einundzwanzigste Jahrhundert anbricht, suchen Physiker nach der Großen Vereinigten Theorie, die in einem einzigen zusammenhängenden Gebäude von unaussprechlich bedeutungsschweren Gesetzen die Eigenschaften von Materie in all ihren Erscheinungsformen erklären könnte. Die Bedingungen, denen diese Suche folgt, sind mittlerweile vertraut. Aber es sind Newtons Bedingungen, und vor Newton wäre eine solche Suche einigermaßen sinnlos gewesen. Wenn die Theorie einmal komplett ist, wird die Physik am Ende ihres Weges stehen, ganz einfach deshalb, weil es keinen Ort mehr gibt, an den sie noch gehen könnte. Alles wird dann verstanden worden sein. Die Naturwissenschaft als intellektuelle Betätigung wird in der Biologie oder Chemie oder Psychologie weiter Fakten aufhäufen, aber diese Fakten sind dazu bestimmt, in den Gewölben einer Kathedrale aufgehäuft zu werden, deren Bau bereits vollendet ist. Und tiefe Stille wird herrschen.

Wenn Newtons *Principia* der Zukunft der mathematischen Physik eine spezifische Gestalt gegeben haben, so haben sie der Zukunft doch auch eine spezifische Frage gestellt. Das Newtonsche Universum ist ein abgeschlossenes physikalisches System. Was auch immer geschieht, geschieht als Ergebnis einer kausalen Wechselwirkung zwischen materiellen Objekten. Dennoch gibt es einen Aspekt der Newtonschen Welt, der von Newtons Theorie nicht erklärt wird, und das ist Newtons Theorie selbst. Das allgemeine Gravitationsgesetz verbindet die weitverstreuten Partikel der Welt zu einem kohärenten Ganzen, aber das Gesetz selbst ist transzendent. Es läßt sich nicht selbst materiell erklären.

Das gilt genauso für die Gleichungen, die das elektromagnetische Feld bestimmen, für Einsteins Feldgleichungen der allgemeinen Relativitätstheorie und für Schrödingers Wellengleichung in der Quantenmechanik. Die Naturgesetze, mit denen die Natur erklärt wird, sind selbst nicht Teil der Natur. Keine physikalische Theorie sagt voraus, daß es sie geben müsse, oder erklärte gar ihre Aussagekraft. Als Teil der Mathematik existieren sie außerhalb von Raum und Zeit, sie erlangen Geltung in einem Akt der Vorstellungskraft, nicht in einem Akt der Beobachtung, sie sind die quälenden Spuren, die im Materiellen von einer Intelligenz hinterlassen wurden, die sich bislang hinter Symbolen verbirgt. Versuche, die Naturgesetze durch noch tiefergreifende Naturgesetze zu erklären, die wiederum *sich selbst erklären*, sind fruchtlos geblieben. Naturgesetze sind eben, was sie sind.

Die großen Physiker haben stets erkannt, daß die Ordnung der Natur ein tiefes Geheimnis darstellt. Daher begegneten sie den Naturgesetzen mit besonderer Ehrerbietung und fanden in ihrer Symmetrie und Vollkommenheit etwas, das große und unaussprechliche Majestät ausdrückte.

Im Ausdruck solcher Gefühle folgen sie noch immer Newtons Vermächtnis, sie verneigen sich vor dem, vor dem er selbst sich einst verneigte, und bleiben so im Bann seines großen Könnens.

Hinweis für den Leser

Ich habe in diesem Büchlein nicht den Versuch unternommen, Newtons wissenschaftliche Leistung in vollem Umfang darzustellen, insbesondere habe ich ganz und gar darauf verzichtet, Newtons zweites Meisterwerk, *The Opticks*, zu erläutern. *Ars longa vita brevis.* Mein Thema ist das, was Newton das »Weltsystem« nannte. Ich habe dabei versucht, mich im weitesten Sinne an seine eigenen Gedankengänge zu halten, aber Newton hat nur wenige Spuren hinterlassen, die über seine geistigen Exerzitien Aufschluß geben könnten, und wenn er sich wirklich einmal zu seinem Werk äußerte, dann in wohlgesetzten, aber schwer zu greifenden Worten.

Newton drückte sich in den *Principia* in der Begrifflichkeit der Geometrie aus und verbarg so den vollen Umfang seiner Einsichten hinter einer Sprache, die schon im siebzehnten Jahrhundert anachronistisch war. Es hat keinen Sinn, einer breiten Leserschaft die Ausdrucksformen nahezubringen, in die Newton ursprünglich seine Gedanken faßte, und das um so mehr, als sie über weite Strecken reichlich kompliziert sind, wo moderne mathematische Schreibweisen sie einfach machen. Es ist aber für den Leser wichtig, im Kopf zu behalten, daß diese Veränderungen weitgehend unwesentlich sind. Die *Principia* sind in vielerlei Hinsicht bemerkenswert, aber besonders bemerkenswert sind sie in ihrer Strenge. Es gibt nur ganz wenige Stellen, an denen Newtons mathematische Intelligenz einmal fehlgeht.

Ich habe mit diesem kleinen Buch auch nicht versucht, noch eine weitere Biographie Isaac Newtons zu schreiben. Viele gute neuere Biographien sind in allen europäischen Sprachen verfügbar. Richard Westfalls *Never at Rest* gilt dabei weithin als Standardwerk. Mein Ziel ist es gewesen, einen lebendigen Eindruck von diesem Mann zu bieten, ohne ihn Schritt für Schritt durch den Alltag zu begleiten. Das ist sehr viel schwieriger, als es scheint. Newton zog sich völlig in sich selbst zurück. Er reiste selten und verließ England nie. Er hatte kaum Freunde, und seine Korrespondenz ist weitgehend wissenschaftlicher Art. Natürlich war er sich seiner Fähigkeiten bewußt und zu Recht stolz auf seine Leistungen, aber abgesehen davon, daß er sie mit seinem unübertroffen ausdauernden Fleiß erklärte, erklärte er sie überhaupt nicht. Aller Strahlkraft des Lichts zum Trotz, das er reflektierte, steht er selbst dort, wo er vermutlich auch stehen wollte – im Schatten.

Nichts in diesem Buch setzt besonders große mathematische Kenntnisse voraus. Ich habe versucht, jeden mathematischen Gedanken in dreifacher Form zu veranschaulichen: erstens sprachlich, zweitens in Symbolen, drittens mithilfe von Abbildungen oder Diagrammen. Newtons Denken und die mathematische Sprache, die er benutzte, sind ungewohnt, aber sie lassen sich als geistige Bewegungen erfassen, in denen bestimmte Dinge zu anderen Dingen hinneigen, Prozesse auf ferne Grenzen hin konvergieren und Planeten als Punkte am Nachthimmel dargestellt sind. So jedenfalls hat sie Newton erfaßt.

Das Jahr, in dem Galileo starb

Isaac Newton wurde 1642 in dem Weiler Woolsthorpe geboren und starb 1727 in London. Seine letzten Stunden blieben ungelindert. In gewohnt souveräner Inkompetenz vermuteten seine Ärzte, Richard Mead und William Cheselton, daß Newton an Blasensteinen litte, eine Diagnose, die zwar seine Inkontinenz ausreichend erklärte, zur Erklärung seines hartnäckigen Hustens aber wenig Erhellendes beitrug. Sie hatten ihren Patienten in seinem engen Schlafgemach in Kensington geduldig untersucht und das herausbekommen, was Ärzte unweigerlich herausbekommen, wenn sie einen Kranken palpieren, nämlich ein lautes Ächzen und das Eingeständnis, daß es weh tat, und nachdem sie ihm die Kissen aufgeschüttelt und die Kammer sinn- und zwecklos mit dem Ausdruck der eigenen strahlenden Gesundheit erfüllt hatten, gestanden sie Newtons treuem Neffen, John Conduitt, was ohnehin auf der Hand lag, nämlich daß ihr Patient im Sterben lag. Weitere medizinische Maßnahmen wären vermutlich sinnlos. Newton hatte starke Schmerzen, Schweiß trat ihm auf die Stirn und rann ihm übers Gesicht, während ihn die Krämpfe überfielen, die für seine Krankheit typisch sind, aber wenn ihr umklammernder Griff nachließ, gewann sein Geist die gewohnte Klarheit zurück, und er konnte mit Besuchern sprechen, die herbeigeströmt waren, um ihm ihre Aufwartung zu machen, konnte sich nach ihrem Befinden erkundigen und ihnen gute Wünsche auf den Weg geben, wenn sie in großer kühler Betriebsamkeit das bedrückende Schlafzimmer räumten. Die Uhr in der Diele im Erdgeschoß tickte weiter und zeigte das Verstreichen der Minuten an, dann der Stunden und dann der Tage. Was kommen sollte, kam. Die Sterbesakramente wurden am Ende erwähnt. Nein, beschied Newton seinen Neffen und seine Nichte, er werde die letzte Ölung nicht empfangen. Es gab noch einmal den Anschein einer Besserung, dann verfiel er und starb unter enormem Energieaufwand am frühen Morgen des 20. März. Die Royal Society, der er mit immenser Würde vorgesessen hatte, fand genau die angemessen lapidaren Worte für sein Verscheiden: »Da der Vorsitz wegen des Todes Sir Isaac Newtons vakant ist, fand heute keine Sitzung statt.«

Wie Eva, so wurde auch der Isaac Newton des Mythos und der Legende – *unser* Newton also – mithilfe eines Apfels verführt. Irgendwann – es muß 1665 oder noch früher gewesen sein – bemerkte er nämlich, daß Äpfel, wenn sie vom Baum fallen, nach unten fallen. Sein Biograph William Stukeley hat den Kern des Mythos in respektvollem Ton überliefert: »Nach dem Essen«, erzählt er, »gingen wir, da das warme Wetter es gestattete, in den Garten und tranken Tee, im Schatten einiger Apfelbäume, nur er und ich.«

»Im Gespräch kam er dann, neben anderen Dingen, darauf zu sprechen, er sei in just denselben Umständen wie damals, da ihm der Begriff der Schwerkraft in den Kopf gekommen. Zum Anlaß dafür sei ihm der Fall eines Apfels geworden, während er, nachdenklich gestimmt, dort saß. Warum sollte jener Apfel wohl immer lotrecht zu Boden fallen, dachte er bei sich. Warum sollte er nicht seitwärts hin oder nach oben gehen, sondern immer dem Zentrum der Erde zu?«

Ich habe immer geglaubt, der Apfel sei Newton auf den *Kopf* gefallen, mit einem anregenden *Plonk!*, aber vielleicht war ich falsch unterrichtet. Stukeley jedenfalls läßt Newton den Apfel anblicken, während dieser herunterfällt, aber das Bezaubernde an der Geschichte, die es im Laufe der Zeit bis ins ferne Japan geschafft hat, ist wohl, daß sie wie alle guten Geschichten tief im Mark ihres erzählerischen Kerns ein Geheimnis birgt, das dem Fall des Apfels, gefolgt von einem denkfördernden *Plonk!*, bis heute seine alte verstörende Suggestivität beläßt. Ein Apfel? Der fällt? Ja, aber warum *nach unten*?

Wenn sie überhaupt einen Gedanken daran verschwendeten, so urteilten Denker der Antike, daß fallende Gegenstände nach unten fallen, weil die Erde der natürliche Ort für sie ist, an dem sie zur Ruhe kommen, und diese Auffassung blieb althergebrachtes Wissen, wenn auch nur deshalb, weil sie selbstverständlich schien und noch immer scheint. Äpfel sind seit undenklichen Zeiten vom Baum gefallen, und letztendlich fiel noch jeder einzelne von ihnen nach unten. Wenn die Vorstellung eines natürlichen Ruheortes verdächtig danach aussieht, als hätten die Äpfel ein Mitspracherecht in der Ordnung der Dinge und würden es summa summarum vorziehen, auf dem Boden zu liegen, dann läßt sich die althergebrachte Einsicht mit ein paar kleinen Neuerungen leicht rehabilitieren: *Alle* materiellen Gegenstände fallen in Richtung auf den Erdmittelpunkt. Ein Apfel ist ein materieller Gegenstand. Muß man mehr dazu sagen?

Was Newton tatsächlich sagte, war – so erinnert sich Stukeley –, daß »der Materie eine anziehende Kraft innewohnen« müsse, wobei das erwähnte denkfördernde *Plonk* Newton zu einer Folge von Überlegungen anregte, die zunehmend nicht nur mit den gewohnten Vorstellungen des gesunden Menschenverstands, sondern auch mit der gewohnten Welt, die der gesunde Menschenverstand ja wie gewohnt reflektiert, über Kreuz geriet. Schon wahr – auf den ersten Blick läßt die Vorstellung einer »Anziehungskraft« zwischen materiellen Objekten an eine physikalische Frage denken, auf die mit einer metaphysischen Ausflucht geantwortet werden kann, eine Anziehungskraft, die der berühmten Einschläferungskraft verwandt ist, mit der

Schulgelehrte die Tatsache erklärten, daß Opium schläfrig macht. Wie der Buchstabe »c« bilden Frage und Antwort eine Form, die sich anschickt, sich zum Kreis zu runden. Während wir von der Unterseite aus den Rücken hinaufsteigen, fragen wir, warum Opium einschläfernd wirkt. Wir gleiten geschmeidig weiter an der Biegung empor und erfahren, daß dem Opium eine gewisse Einschläferungskraft innewohnt. Jetzt springt ein Funken hin und her über den Spalt, den der Setzer offen gelassen hat. Eine Einschläferungskraft ist genau die Kraft, die schläfrig machen kann, also haben wir mit Vollendung des Kreises nur verstanden, daß eine Substanz mit Einschläferungskraft die Kraft hat einzuschläfern.

Der Anschein ist derselbe, aber er trügt. Newtons Überlegungen sind anders, sie sind ebenso radikal wie tiefsinnig. »Wenn Materie also Materie anzieht«, erinnert sich Stukeley an Newtons Erinnerung, »dann muß das dem Verhältnis ihrer Quantität entsprechen.« Und genau hier, im knappen Zirkel dieser letzten acht Worte, springt Newton vom Buchstaben »c« ab und schickt sich an, ein Territorium zu erobern, auf das kein Mensch je zuvor Anspruch erhoben hat. Natürlich, die elegante Beteuerung, daß Materie »also« Materie anziehe, erinnert uns an längst Bekanntes – Dinge fallen eben nach unten –, aber die Wörter, die dann folgen, stellen eine *mathematische* Verbindung zwischen einer qualitativen Kraft und einer quantitativen Eigenschaft her. Bevor die Verbindung hergestellt ist, wird die anziehende Kraft nur durch den Umstand bezeichnet, daß sie irgend etwas Anziehendes hat, aber danach ändert sich alles, weil diese Anziehungskraft nun proportional an die Quantität eines Gegenstandes gebunden wird, also in Verhältnis gesetzt wird zu dem, was spätere Physiker die Masse des Gegenstandes nennen werden. Je größer die Masse, desto größer die anziehende Kraft. Das Halfter der Spezifität ist Begriffen angelegt worden, die bis dahin ein wenig ungezähmt waren. Die der Materie innewohnende Kraft, andere Materie anzuziehen, hat erstmals einen quantitativen Ausdruck gefunden.

Die Schlußfolgerung bleibt dort nicht stehen, sie gewinnt an Kraft. Wenn Materie Materie anzieht, schreibt Stukeley weiter (und spricht für einen Newton, der vermutlich beifällig nickt), »dann zieht der Apfel die Erde ebenso an wie die Erde den Apfel«. Damit sind wir schon dreizehn Wörter über das Offensichtliche hinaus. Der Gedanke, der Fall eines Apfels in Richtung auf den Erdmittelpunkt könne ein Beispiel für eine gegenseitige und erwiderte Beziehung zwischen der Erde und dem Apfel sein, wobei die Erde am Apfel zerrt und der Apfel umgekehrt wieder an der Erde – dieser Gedanke stellt eine wirkliche Neuerung in der Geschichte des Denkens dar. Und das aus ganz offensichtlichen Gründen. Die Erde ist groß, der Apfel klein; aber Newton erkannte, und zwar anscheinend sofort und vollständig, daß im Fall einer Anziehungskraft der Materie, die im Verhältnis zu deren Quantität steht, logischerweise *jedes* physische Objekt über eine gewisse eigene Anziehungskraft verfügen müsse.

Die Schlußfolgerung blitzt nun auf wie Lichtreflexe auf einer geschüttelten Silberfolie. Es gibt eine wirkliche Welt, in der Äpfel nach unten fallen; es gibt eine entdeckte Welt, in der materielle Objekte einander anziehen; und die Entdeckung hat ihren mathematischen Angelpunkt in der Erkenntnis, daß materielle Objekte einander proportional zu ihrer Quantität anziehen. Aber was für die grüne Erde und ihre goldenen Äpfel gilt, gilt dank der Tatsache, daß beide materielle Objekte sind, und es gilt *nur* dank der Tatsache, daß beide materielle Objekte sind. Ihre Gestalt ist unerheblich, ebenso ihre Farbe, ihre Konsistenz, Geruch und Geschmack, ihre Textur, ihre Schönheit oder wie mürbe sie sind. Es folgt also, schloß Stukeley, daß es eine Kraft gibt, »wie wir sie hier Gravitation nennen, die sich über das ganze Universum erstreckt«. Eine Reihe lokaler Beobachtungen – dieser Apfel, jener Baum, ein Obstgarten – hat sich auf die Gesamtheit des Raumes ausgedehnt und verknüpft jedes materielle Objekt mit jedem anderen materiellen Objekt.

Irgendein Apfel. Und was für eine Geschichte.

Isaac Newton wurde in dem Jahr geboren, in dem Galileo starb, und auch sein Vater starb noch vor seiner Geburt, so daß Newton, als er schließlich in der Welt erschien, ein recht schwächlicher und kränklicher Säugling, bereits seinen intellektuellen und seinen biologischen Vater verloren hatte, würdiges Mitglied in der weltweiten Bruderschaft vaterloser Söhne. Newton, der wider Erwarten seiner Amme am Leben blieb, wurde im Folgejahr vom Pfarrer des Sprengels getauft, der mit großer Feierlichkeit, aber wenig Zuversicht seine Stirn mit der ins Öl getauchten Fingerspitze salbte, und darauf folgte dann (denn es muß darauf gefolgt sein) ein besonntes Fleckchen Leben in gedämpfter Wärme, während dessen Newton sich wie alle Kleinkinder als empfindlichen Fortsatz des Körpers seiner Mutter sah und gänzlich in der Sphäre ihrer Düfte, ihrer Haut und des Tonfalls ihrer Stimme lebte. Im Jahre 1646 heiratete Newtons Mutter, Hannah Ayschough (oder Ayschoughs), den Pfarrer Barnabas Smith, der in die Geschichte als Ausbund von Gefühlskälte eingegangen ist, denn Hannah, mit einer Eilfertigkeit, die heute ungehörig erscheint, räumte Woolsthorpe Manor, um ein paar Meilen entfernt bei dem ältlichen Smith zu wohnen, und überließ einen kaum erst zur Empfindungsfähigkeit erwachten Newton der Obhut der Großeltern mütterlicherseits. Die Wirkung muß die eines Schlages auf eine wunde Stelle gewesen sein. Jede Gesellschaft betrachtet ihre Kinder gewissermaßen durch ein Teleskop, wobei jede Generation die Schärfe anders einstellt, aber wie auch immer Newtons Großeltern Newton betrachteten, fest steht nur, daß sie ihn mit sehr wenig Sentimentalität betrachteten. Man kann sich die Szene ausmalen: Newtons Mutter eröffnet dem noch fast verständnislosen kleinen Jungen unvermittelt, daß sie abreist, dann der scharfe Schmerz, mit dem die Erkenntnis qualvoll zu ihm durchdringt, daß *sie* vorhat, *ihn* zu verlassen. Dann die Großeltern, vertraut, gewiß, aber in ihren Fünfzigern schon steinalt, übelriechend vor Alter, schwerfällig, grobschlächtig und vor allem kalt.

»Jawoll, dem wird's schon gut gehen hier, Hannah, überlaß das mal uns.«

Newton überlebte den Schlag, aber die Verletzung saß tief, und seine Persönlichkeit nahm einen ganz eigenen Zug des Sich-Verbuddelns an, einen Wunsch nach Rückzug in sich selbst, der bis in sein mittleres Lebensalter anhielt, eine Art Bemühen, sich unter die Erdoberfläche zu begeben und alle Öffnungen seiner Seele zu versiegeln, wie ein Kaninchen, das zitternd in den letzten Ausläufern seines Baus sitzt und die Ohren gespitzt hält für den Dachs der Zeit. Als 1653 sein fürchterlich priapischer Stiefvater entgegenkommenderweise das Zeitliche segnete, nicht ohne vorher zwei weitere Kinder gezeugt zu haben, kehrte seine Mutter aus ihrem seltsamen Exil zurück; nachdem zwei Ehemänner unter ihren Augen von den Fahnen gegangen waren und ihre Heimstatt auf dem Landfriedhof gefunden hatten, war sie jetzt wohlhabender als vor ihrem Auszug, und wenn ihr Wiederauftauchen auch kaum Anlaß zu Unzufriedenheit in Woolsthorpe gegeben haben kann, so gibt es doch nirgendwo einen Beleg dafür, daß Newton den Panzer um sein Ich in einem Blütenausbruch von Zärtlichkeit aufgelöst hätte. Zeit seines langen Lebens hing er an seiner Mutter oder ihrem Andenken, aber er war verletzt worden, und das vergaß er nicht.

Es folgt das geröllhafte Auf und Ab der Kindheit, das sich nach dreihundert Jahren nicht mehr erschmecken und erfühlen läßt; nur ein paar Anekdoten ragen hervor aus dem ansonsten steinigen Grund. Als Zehnjähriger wieder mit seiner Mutter vereint, wurde Newton zwei Jahre später auf die King Edward Grammar School in Grantham geschickt, gut acht Kilometer von Woolsthorpe entfernt (also weit weg von zu Hause), wo er wie alle anderen Schüler in Latein, ein wenig Griechisch und in den Lehren des Alten und Neuen Testaments gedrillt wurde. Die klassischen Sprachen lernte er nach der uralten Methode des Einpaukens. Das ist, vermute ich, die einzige Methode, nach der man eine klassische Sprache erlernen kann, und sie ist mit Sicherheit die einzige, sie gut zu erlernen.

Der Gedanke, daß Newton in überhaupt irgend etwas *gedrillt* wurde, hat dennoch etwas leicht Verstörendes. Da gibt es das übliche Schwätzen abgelenkter Schuljungen, die mit plumpen, ungelenken Bauernfingern nach der Kreide greifen, während der Lehrer mit dem Rohrstock unheildräuend an den Schenkel klopft. Newton starrt gerade ins Leere. Der Lehrer ruft ihn auf, ein lateinisches Verb zu beugen. Newton wendet den Blick vom kleinen Fenster und fängt an, mit unmelodischer Stimme, die im kleinen Klassenzimmer klingt, als käme sie von weit her.

Was immer er an pädagogischen Gaben mitbrachte, der Schullehrer, Dr. Henry Stokes, hatte jedenfalls sehr früh schon ein feines Gespür für Newtons intellektuelle Fähigkeiten und überredete Newtons Mutter schließlich, ihn gegen ihr eigenes Urteil zum Studium nach Cambridge zu schicken. Zweifellos erwartete er, daß zumindest ein Teil des künftigen Ruhms seines Schützlings der Schule zu Nutz und Frommen gereichen würde und er selbst sich die Hände am munteren Feuer der eigenen Voraussicht wärmen könnte. Es ist eine der Ironien der Geschichte, daß Dr. Stokes im siebzehnten Jahrhundert nur dadurch einen festen Platz fand, daß er der erste war, der Newtons Genie erkannte, daß aber der Großbrand, den er entzündete, gerade einmal heiß genug war, an seinen versengten Fingerkuppen wenig mehr als die Spur eines Streichholzes zu hinterlassen.

Lassen Sie mich einmal nachsehen. Nein, da findet sich nicht viel im Faß seines frühen Lebens. Das Klassenzimmer war kalt und oftmals feucht und roch durchdringend nach Harz und Kreidestaub. Wie die meisten Schüler nahm Newton Logis, er wohnte bei einem Apotheker in Grantham. Von einem bestimmten Punkt an begannen die Klassenkameraden, sein furchterregendes geistiges Potential zu würdigen; er war nicht nur anders, das erkannten sie, sondern auf ganz unverständliche Weise anders. Biographen und Zeitgenossen erinnern sich auch übereinstimmend an eine Rauferei. Von einem Faustschlag provoziert, stellte Newton seinen Gegner nach der Schule und verdrosch ihn. Jetzt bin ich schon auf dem Boden des Fasses und fördere nur noch letzte Leckerbissen zutage.

In einer Sache sind sich alle Kommentatoren wirklich einig: Als sehr junger Mann verfügte Newton über eine außergewöhnliche mechanische Begabung, eine Begabung, die ihn befähigte, ingeniöse Modelle zu bauen, funktionierende Windmühlen *en miniature* herzustellen, eine Maschinerie im Innersten zu erfassen und den geheimen Takt von Rädern und Zahnrädern und Zahnriemen zu erlauschen. Diese Begabung war mehr als eine Art handwerklichen Geschicks oder bloßer Fingerfertigkeit; irgend etwas in Newtons Seele konnte die Ströme von Energie und Arbeit in den Dingen erspüren und sich ihrer bemächtigen, und wo die stämmigen Männer, die Korn zur Mühle schleppten, nur flache Flügel sahen, die sich melancholisch im englischen Wind drehten – in Grantham war nur eine einzige Windmühle in Betrieb –, da konnte Newton das Wirken von Kräften und Bewegungen wie in einem abstrakten Destillierapparat erkennen, so daß er, wenn er sich eine Zeitlang mit irgendeiner mechanischen Vorrichtung beschäftigt hatte, nicht nur wußte, wie sie konstruiert war, sondern auch, nach welchem Prinzip sie arbeitete, und war mit seiner außerordentlichen Fähigkeit, in unterschiedlichen Maßstäben zu denken, in der Lage, eine vollständig funktionstüchtige Windmühle verkleinert nachzubauen, komplett mit Turm, mahlenden Mühlsteinen, Zuführung für das Korn und zarten, durchscheinenden Flügeln.

Die Jahreszeiten des ländlichen Englands kommen und gehen, und zum ersten und einzigen Mal in Newtons Leben gibt es das leise Erröten eines hauchzarten Hinweises auf eine Verliebtheit – und zwar in die Stieftochter des Apothekers, Catherine Storer. Kommentatoren und Biographen äußern sich zurückhaltend über diese Beziehung, aber die gemeinsame Erfahrung von Männern allerorten läßt die ungeheure Last unerfüllter Zärtlichkeit ahnen, die der keusche Druck ihrer rosigen Fingerspitzen seiner blassen Hand mitgeteilt haben muß. Welche romantischen Regungen aus diesen Empfindungen erwachsen sein mögen, Newton handelte nicht danach, und so blieb es Catherine Storer überlassen, fast siebzig Jahre später, als Newton bereits ins Pantheon aufgerückt war und hoch über dem englischen Geistesleben aufragte, in die unwiederbringliche Vergangenheit zurückzublicken und mit einem Seufzer, der zweifellos darauf angelegt war, Erinnerung und Mythos in eins zu fassen, Newtons Biographen zu enthüllen, sie habe einst, in jungen Jahren, das Herz des großen Mannes in Händen gehalten.

Der Pflugschar entronnen

Während Newton heranwuchs, hatte seine Mutter eine Zeitlang die Vorstellung, er werde vielleicht einmal den Besitz Woolsthorpe Manor übernehmen; zweifellos malte sie sich aus, wie der Hof immer weiter prosperieren würde, während ihr Sohn und Erbe umsichtig den Viehbestand pflegte und die Äcker bestellte, sein Leben wie das ihre geordnet nach dem stillen Stundenschlag der Jahreszeiten, als Ehefrau ein Dorfmädchen zur Seite, das es kaum fassen konnte, es zu einem Ehemann wie Newton und zu guten Zukunftsaussichten auf dem Hof gebracht zu haben, eine dralle Person, die mit künftigen Generationen von Newtons schwanger ging. Wenn nichts anderes, so war dieser Tagtraum darauf berechnet, den Aufstieg der Newtonschen Seite der Familie von den Ursprüngen aus abhängiger Arbeit in eine gesicherte Position als Landbesitzer zu vollenden, in der sein Name, und damit auch der seiner Mutter, durch Eigentum, Brief und Gewohnheitsrecht an die Ländereien geknüpft wurde. Es folgt eine Phase unfreiwilliger Komik: Der schlaksige Newton, ein Buch unter dem Arm und einen leicht gereizten Ausdruck im ansonsten ungezeichneten Gesicht, wird losgeschickt, um die Schweine oder Schafe zu hüten, Zäune auszubessern oder in anderer Weise niedrige Dienste im ländlichen Arbeitsalltag zu leisten. Der große mütterliche

Plan bekommt jetzt Runzeln. Die Schafe blöken in die sommerliche Luft und trotten hinter Newton her, der sich auf den Weg zur am weitesten entfernten Weide macht und sich unter einem Baum lagert; die Schafe zerstreuen sich, wobei in Herde und Schäfer gleichzeitig der erfreuliche Verdacht aufdämmert, daß so weit weg vom Gutshaus an beide keine großen Erwartungen mehr gestellt werden. Newton sitzt friedlich lesend und hat die Schafe ganz vergessen, die mittlerweile auf die Felder eines Nachbarn abgewandert sind, wo sie liebenswürdigerweise ihre Köttel auf die neue Saat fallen lassen und das saftige Gras rupfen, das für andere Schafe vorgesehen ist. Die Sonne steigt ins Apogäum und sinkt wieder, Newton bleibt in Gedanken versunken. Einige Zeit später taucht er wieder auf dem Hof auf; die halbe Herde erfreut sich noch immer eines spätnachmittäglichen Gelages auf den Feldern eines Nachbarn, und der Schäferhund, seiner Aufgaben entbunden, hat sich selbständig gemacht und verfolgt eine interessante, wenn auch übelriechende Spur am Bachlauf, der die Wiese quert. Newton steht ungerührt träge vor seiner Mutter, die ihn mit dem harten, kalten pragmatischen Blick mustert. Sie sieht den Ruin ihrer Familie in seinem Eingeständnis, er habe nicht tun können, was er nicht tun wollte.

Sie muß mit ihren Klagen zu den Männern gegangen sein, die sie kannte. Wenn Humphrey Babbington, der Bruder von Mrs. Clark – derjenigen aus der Apotheke –, oder Henry Stokes oder gar der eigene Bruder William sie zu erweichen suchten, dem Sohn den Besuch der Universität zu gestatten, hörte sie zu, halb und halb geneigt zu dem Einwurf, daß *der da oben* – gefolgt von einem jähen Aufwerfen des Kopfes in Richtung auf die Kammer, in der Newton wieder einmal hockt und nicht mehr und nichts Besseres tut als lesen – einen gehörigen Dämpfer verdient hätte, aber zu guter Letzt, nachdem sie die Geschichten über die ungewöhnlichen Fähigkeiten ihres Sohnes bis zu Ende angehört und geduldig Predigten ausgehalten hatte, in denen Flüsse sich ihr eigenes Bett suchen mußten, kam sie zu dem vernünftigen Schluß, daß es ihr Sohn als Gelehrter wohl kaum schlechter treffen konnte als bei der Arbeit als Landmann, und mit einer Geste der Ergebung, deren wahre Bedeutung im Fluß der Zeit untergegangen ist – die Schultern hochgezogen, die Augen zusammengekniffen zu einem Netz feiner Fältchen –, erteilte sie widerstrebend ihre Erlaubnis – ein klarer Beweis, zumindest in diesem Fall, für die Macht des passiven Widerstands.

Isaac Newton trat im Sommer 1661 ins Trinity College der Universität Cambridge ein. Die englischen Bürgerkriege waren eben zu Ende gegangen, ein Charles hatte seinen Kopf verloren und ein anderer den Thron bestiegen, das große puritanische Rasen sank in die Vergangenheit zurück wie ein Fieber, das ausbricht und dann vorbei ist. Newton war achtzehn Jahre alt, sein Genie begann zu brodeln, und trotz der Tatsache, daß die Familie seiner Mutter inzwischen einigermaßen wohlhabend war, trat er in die Universität als sogenannter *Subsizar* oder »Unterstipendiat« ein, was besagte, daß er einem der ranghöheren Lehrenden aufmerksam aufzuwarten hatte, ihm die Bücher holen, Kleider und Zimmer säubern, den Nachttopf ausleeren und sich allgemein einer Vielzahl unangenehmer Tätigkeiten widmen mußte. Newton wurde Humphrey Babbington zugeteilt, was ein Glücksgriff war, denn Babbington war nur ein paar Monate des Jahres im College anwesend. Solange die Nachttöpfe also leer blieben, konnte Newton sich den eigenen Gedanken widmen.

Das erste Studienjahr oder mehr verbrachte Newton sehr isoliert und einsam, vom Temperament her ganz anders geartet als sein Zimmergenosse und die anderen Studenten, und wenn auch nur, weil diese den Aufenthalt in Cambridge als glänzende Gelegenheit betrachteten, stundenlang im Wirtshaus zu sitzen, bis in die Nacht hinein zu trinken und den örtlichen Kellnerinnen den Hof zu machen, während Newton, dessen Hang zu Flüssigkeiten sich in seinem fließenden Latein erschöpfte, in der Tatsache, daß er knapp dem Pflug entronnen war, ein uneingelöstes Versprechen sah und daher seine immense, ruhelose Intelligenz über Meere hinwandern ließ, deren Wasser er rauschen hören, deren Strömungen er aber noch nicht ausmachen konnte.

Die Aufzeichnungen über seine Studien sind lückenhaft. Die Universität Cambridge verschrieb sich um die Mitte des siebzehnten Jahrhunderts noch immer offiziell dem Studium des Aristoteles und des Korpus der aristotelischen Schriften, ein verpflichtendes Programm der Gelehrsamkeit, das schon Bestandteil ihrer ursprünglichen Gestalt im vierzehnten Jahrhundert gewesen war. Noch immer war das eine großartige Kathedrale des Denkens, eine, die mit großem Geschick von den Scholastikern des zwölften und dreizehnten Jahrhunderts errichtet worden war, aber schon längst gab es Risse und Sprünge in den Mauern der Kathedrale, und im siebzehnten Jahrhundert flatterten bereits Fledermäuse in ihren Glockentürmen umher. Aristoteles hatte der westlichen Welt ihre wesentlichen Kategorien geschenkt, ihre spezifischen Methoden, die Erfahrung zu strukturieren, aber seinem System fehlten zwei Grundgedanken, die sich für die Entwicklung der mathematischen Physik als wesentlich erweisen sollten. Es war ein qualitatives, nicht aber ein quantitatives System, und es sah nicht vor, daß Experimente angestellt wurden. Philosophen des zwanzigsten Jahrhunderts haben gelegentlich glauben machen wollen, daß Aristoteles vom Temperament her auf Einzelheiten keinerlei Wert legte. Seine unglückliche Überzeugung, Frauen hätten weniger Zähne als Männer, wird häufig als Beleg dafür angeführt. Aber ganz im Gegenteil. Aristoteles war ein überragender Naturforscher, aber die Fakten, die er beherrschte, waren begrenzt durch die Werkzeuge, über die er verfügte. Er hatte weder Zugang zu einem Mikroskop noch zu einem Teleskop, und schon der Gedanke an eine experimentelle Überprüfung, die eine Wahl unter konkurrierenden Theorien erzwingen könnte, lag mehr als zweitausend Jahre voraus in einer fernen Zukunft.

Mit dem frühen sechzehnten Jahrhundert vibrierten Teile Europas unter dem spannungsvollen Eindruck neuer Gedanken in der Philosophie, der Mathematik und der damals sogenannten Naturphilosophie. Es herrschte eine Stimmung der Erwartung und Erneuerung; zum ersten Mal machte sich eine Zivilisation an die Arbeit, einen genauen und detaillierten Bestand an Tatsachen zusammenzutragen, ein lebendiges Protokoll der Wirklichkeit. Einhundert Jahre zuvor hatten es die großen Künstler der italienischen Renaissance gelernt, die Gesetze der Perspektive zu meistern; danach waren sie fähig, die wirkliche Welt in bislang unerreichter bildlicher Detailtreue wiederzugeben. Zu der Zeit, in der Leonardo da Vinci seine Überlegungen aufzeichnen konnte, hatte das geschlossene System der Antike sich bereits auf eine unendliche Aussicht hin geöffnet, und da Vincis unersättliche physikalische Neugier konnte ein Universum von Möglichkeiten erkunden, das Aristoteles nicht kannte und sich nicht hätte erdenken können – Hubschrauber, unterseeische Schiffe, ungeheure Kriegsmaschinen, Kanonen und Katapulte, die genaue Anatomie des Vogelflügels, Techniken des Bronzegusses. Im Geheimen arbeitend, aber immerhin arbeitend, hatten holländische Anatomen Aspekte des menschlichen Körpers entdeckt, die den Griechen unsichtbar geblieben und allen anderen Kulturen ein Geheimnis waren. Als Rembrandt im siebzehnten Jahrhundert *Die Anatomiestunde* malte, vermittelte er Einzelheiten einer Vorgehensweise, die bereits ausgereift war. Was immer diese trockenen holländischen Doktoren auch sonst taten, sie wußten jedenfalls, wo sie im menschlichen Körper nachsehen mußten, und sie wußten auch, was sie dort wahrscheinlich finden würden. Der Orgelgrundton des Lebens veränderte sich zu einer Stimmung, in der die europäische Kultur von einem einzigen neuen Register beherrscht wurde, einer Haltung der Neugier.

Aber wenn sich der Orgelgrundton des Lebens änderte, dann tat er das anderswo. Selbst den eigenen Gelehrten erschien Cambridge als totes Wasser, von düsteren Zukunftsaussichten, mehr oder weniger ein Ort, an dem ehrgeizige junge Männer ohne große Lebensperspektiven einen sicheren ekklesiastischen Weg entlangschlurfen konnten, der ihnen die Ordination und danach irgendeine Sinekure einbringen sollte, ein leichtes Leben, in dem zumindest das tägliche Brot anständig abgesichert war. Falls es notwendig war, den Aristoteles zu studieren und ohne Murren ein Weltbild zu übernehmen, das in den Augen jedes denkenden Menschen ein Auslaufmodell war, so verfügte Cambridge über jede Menge junger Männer, die bereit waren, genau das zu tun.

Den Lehrplan, nach dem er sich in seinem Studium zu richten hatte, scheint Newton weitgehend ignoriert oder mit kühler Indifferenz geprüft zu haben; aber in jener merkwürdigen Weise, in der starke Geister fähig scheinen, sich quasi selbst entlang einer Achse zu teilen, die spätere Generationen als unverständlich oder bizarr empfinden müssen, verbrachte er viel Zeit mit dem Studium der Alchimie und noch mehr Zeit mit dem der alttestamentarischen Chronologie, Themen, die bald zum Vorrat seiner dauerhaften Interessen gehörten. In höherem Alter, mit Ehren überhäuft, als sein wissenschaftliches Werk vollendet war und der starke Motor seiner Neugier leer lief, kehrte er zu den biblischen Chroniken zurück, zeichnete immense Stammbäume und teilte präzise den Fluß der antiken Zeit.

Es ist fast unmöglich festzustellen, was genau er einigermaßen intensiv las oder studierte, und so läßt sich die Gestalt der Einflüsse, denen er unterlag, bestenfalls in Teilen rekonstruieren. Es existiert auch, seltsam genug, kein Bericht über eine Begegnung mit einem Mentor. Auf Verehrung verwandte Newton niemals einen Teil der ungeheuren intellektuellen Unruhe, die für ihn so natürlich war wie das Atmen. Sein offizieller Tutor, Benjamin Pulleyn, bleibt für die Geschichte ein bloßer Name, ein Mann, der sich damit zufrieden gab, Newton das tun zu lassen, was er gerne tun wollte, und falls Pulleyn bei den Gelegenheiten, bei denen Newton ihm wirklich einmal seine Arbeit präsentieren mußte, die Neigung verspürte, Newtons Lektüre in Frage zu stellen oder ihn einem strengen Verhör zu den Gedankengängen zu unterziehen, die er entwickelt hatte, dann muß ihn etwas in Newtons kohlschwarzen Augen davon überzeugt haben, daß es vielleicht doch weiser war, diesen jungen Mann ganz den eigenen Fortschritten zu überlassen.

In der Mathematik und in der Naturkunde brachte sich Newton alles selbst bei, die letzte große Gestalt auf der europäischen Bühne, die sich in die stille Kammer zurückzog, um dann mit einem alles erschütternden neuen Weltbild wieder hervorzukommen. Angewiesen, die Geometrie zu studieren, kam er schnell zu dem Schluß, daß die ersten fünfzig »Sätze« in den *Elementen* des Euklid das Offensichtliche aussprachen, und wie alle geborenen Mathematiker sah er nicht die Notwendigkeit, das zu beweisen, was ihm ohnehin selbstverständlich war. Die euklidische Geometrie ist dennoch ein beeindruckendes intellektuelles Gebäude, das erste und vielleicht größte axiomatische System; und wenn Newton sich wohl recht schnell davon überzeugte, daß die Sätze der euklidischen Geometrie wahr waren, so ist ein Sinn für die Großartigkeit dieses Gebäudes offensichtlich doch in seine Seele eingesunken, denn als er Jahre später die Gesamtheit seiner wissenschaftlichen Überlegungen in einem mächtigen Entwurf zusammenfaßte, entschied er sich, dem Vorbild des großen Meisters zu folgen, und wies seine Annahmen sorgfältig aus, formulierte sorgfältig seine Definitionen und leitete Schlüsse sorgfältig ab.

Irgendwann während des kalten, feuchten Winters in Cambridge, oder des zögerlichen Frühlings danach, bekam Newton ein Exemplar der *Geometrie* des Descartes in die Hände. Es war ein Werk, das seine Phantasie entflammte. Kein Wunder; es ist ein brandstifterisches Werk, das die Geometrie und die Algebra in Flammen setzt, indem sie sie zusammenführt. Innerhalb der euklidischen Geometrie ist die Ebene flach und formlos, ein Hintergrund, auf dem verschiedene geometrische Figuren ruhen. Auf diese immerwährende Fläche der Ebene legte Descartes das Kreuz eines Koordinatensystems und ermöglichte so erstmals die Belebung des Raums durch die Zahl. Dieses Koordinatensystem zeigt zwei sich senkrecht kreuzende Geraden, die die Angabe von Entfernungen in vier Richtungen zulassen.

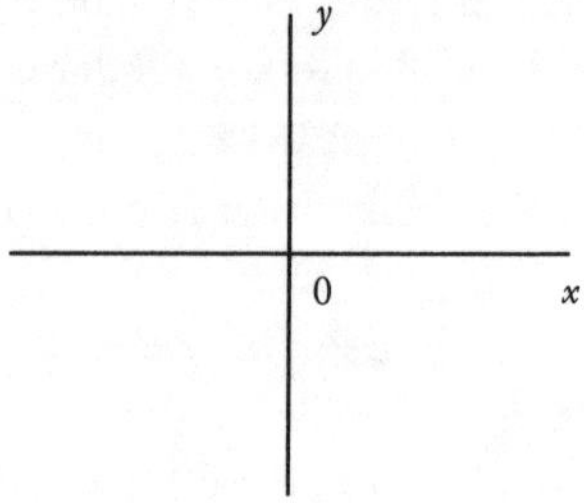

Kartesisches Koordinatensystem

Ordnet man den Punkten auf den Achsen eines Koordinatensystems Zahlenwerte zu, so erkannte Descartes, dann konnten Zahlenpaare auch Punkten in der Fläche zugeordnet werden, wie heute auf einer Landkarte. Damit aber wird die Fläche zugänglich für algebraische Operationen, wobei der Verlauf von Geraden und Kurven bestimmten Gleichungen entspricht. Zum ersten Mal gerät der Raum unter die Herrschaft eines symbolischen Systems.

Das alles verbleibt notwendigerweise im Reich der reinen Mathematik. Die analytische Geometrie eröffnete eine andere Aussicht. Die Algebra hängt vom Begriff der Variablen ab, eines Buchstabens wie etwa x, der nacheinander verschiedene numerische Werte annimmt, so daß der Ausdruck $5x$ den Wert 5, 10 oder 50 hat, je nachdem, ob x den Wert 1, 2 oder 10 annimmt. In dieser Fähigkeit der Variablen, nacheinander unterschiedliche Werte anzunehmen, ist verführerisch irgendein dunkler Hinweis auf eine Methode versteckt, Veränderung und damit Bewegung in den Machtbereich eines symbolischen Systems zu bringen. Ein bewegtes Objekt bewegt sich schließlich dank irgendeiner Veränderung in bezug zu irgendeinem fixierten Ort. Die euklidische Geometrie behandelt Orte als Orte, aber die analytische Geometrie behandelt Orte als *Zahlen*. Und wenn Variablen eine Veränderung der Zahl festhalten können, dann können sie auch eine Veränderung des Ortes festhalten.

Das ist es, was Isaac Newton, als er nachts bei geschlossenem Fenster und in stickiger Luft in seiner Kammer saß, erkannt haben muß.

Irgendwann in den ersten Jahren in Cambridge legte sich Newton ein Notizheft zu, in dem er seine Gedanken in geordneter Form festhalten wollte. Das sind die *Questiones quaedam philosophicae* – gewisse Fragen der Philosophie. Das Heft ist in gut fünfundvierzig Abschnitte unterteilt, die sich jeweils mit einem bestimmten Aspekt der Naturphilosophie beschäftigen, wobei die Überschriften natürlich wertvollen Aufschluß über Newtons Lektüre geben. Es gibt Einträge zur Bewegung, zur Zeit, zum Raum, zur Ordnung des Kosmos; eine Reihe von Einträgen beschäftigt sich mit spezifischen Eigenschaften der Dinge, etwa ihrer Berührbarkeit oder ihrer Formbarkeit. Es gibt einige sehr wirkungsvolle kritische Bemerkungen in diesem Heft. Descartes hatte die Auffassung vertreten, daß Licht eine Art Druck sei, der von gewissen Wirbeln übertragen werde, so daß die Sehfähigkeit die Reaktion des Sehnervs auf eine berührende Kraft sei. Falls das so ist, dann sollte man in der Nacht ebenso gut sehen können wie am Tag, das kann man aber nicht. Newtons Einwand ist klar, lebendig, kurz und verheerend.

Ein Großteil des Notizbuches ist nicht von allgemeinem Interesse, aber in mancher Hinsicht findet sich in Newtons Bemerkungen die Resonanz von Gedanken, die über sich selbst hinausgehen. Es herrscht durchgängig ein Ton der dringlichen Befragung, einer Art zielgerichteten Verhörs. Das läßt darauf schließen, daß Newton unbewußt eine der wesentlichen Metaphern des wissenschaftlichen Zeitalters bereits in sich aufgesogen hatte, den Vergleich der Natur mit einem Buch oder Text. Diese Metapher hat die wissenschaftliche Forschung lange Zeit geleitet, sicherlich seit Beginn des siebzehnten Jahrhunderts, und wie alle Metaphern erweckt sie den Eindruck von Unabweisbarkeit und Zeitlosigkeit zugleich. Wer wollte bezweifeln, daß die Natur ein Buch ist, eines, das am besten von Fachleuten gelesen wird, die es auf sich nehmen, eine Fremdsprache beherrschen zu lernen?

Die ernüchternde Antwort ist, daß diese mächtige Metapher selbst schon eine Erfindung ist, eine, die im Verlauf von nicht mehr als einhundertfünfzig Jahren ins Bewußtsein der Menschheit eindrang. Von sich aus ist die Natur ebensosehr oder sowenig ein Buch, wie die Sonne – in ihrem festgelegten Erscheinen und Verschwinden im Tageslauf – von sich aus eine Gottheit ist. Zu Beginn des einundzwanzigsten Jahrhunderts haben wir noch immer nicht ganz unseren Frieden mit der Bedeutung dieser Metapher gemacht, noch immer behandeln wir die Naturgesetze als Antwort auf bestimmte wörtlich gestellte Fragen, ohne allzu genau hinzusehen, ob das grandiose Bild der Natur als Buch nicht vielleicht gewisse Implikationen hat, denen wir uns eher ungern stellen würden. Bücher werden schließlich geschrieben, und sie transportieren Bedeutung, und das sind Ansprüche an den Kosmos, die weit über die Naturgesetze hinausgehen.

Newtons *Questiones* sind auch noch in anderer Hinsicht bemerkenswert. Wenn das Heft auch in separate Abschnitte eingeteilt ist, die sich mit separaten Themen beschäftigen, so trägt es dennoch den Stempel eines mächtigen Vereinigungsdranges, fast als ähnelte die Natur eher einem Kathedralenbau.

Ebenso wie die Metapher von der Natur als Buch einen profunden Einfluß auf den Gang der abendländischen Wissenschaft haben sollte, so sollte auch die korrelierende Metapher der Natur als eines architektonischen Baus, dessen Einzelaspekte allesamt in Begriffen der

Beziehung zwischen Teil und Ganzem verstanden werden konnten, einen tiefgreifenden, wenn auch oft unbewußten Einfluß auf die Richtung nehmen, die von den Naturwissenschaften später eingeschlagen wurde. Der Vorrang, den Physiker der Teilchenphysik einräumen, spiegelt die stolze Gewißheit wider, daß die Natur, wie die meisten Gebäude, von *unten* her aufgebaut werden muß, und daß man dort unten eben damit rechnen muß, Teilchen und Teilchenphysiker vorzufinden. Der widersprechende Gedanke, daß die Natur *keinem* wesenhaften Aufbau gehorcht, bleibt an der Grenze zum Subversiven, im Halbschatten verborgen und nicht reif genug, unseren Zugriff zu beherrschen, so sehr er auch schon unsere Ängste beherrscht.

Die Universität Cambridge liegt in einer Niederung; die Felder und Fluren erstrecken sich ins Flachland, und der Himmel scheint vermindert. Die Universität wird jetzt mit größter Sorgfalt unterhalten, aber bei Studenten wie Professoren hat sie weiterhin den Ruf, ungesund zu sein; Erkältungen und unterschiedliche Formen der Grippe machen sich breit, wenn der Winterregen einsetzt, und halten noch monatelang an; rotnasige Gelehrte huschen die Pfade entlang, die die eleganten Gartenanlagen teilen, schnauben geräuschvoll ins Sacktuch und schniefen danach verstohlen während der Vorlesungen. Mit berührungsempfindlicher Nase, die Kleider vollgesogen mit der winterlichen Feuchtigkeit, verbrachte Isaac Newton ein unglückliches und einsames erstes Jahr an der Universität. Studenten, die aus reichem Elternhaus kamen und sich einen eigenen Bediensteten leisten konnten, müssen den farblosen Newton als nicht mehr als ein Provinzkuriosum angesehen haben, einen Menschen, der wenig redete und der dauernd in Gedanken verloren war.

Irgendwann im folgenden Jahr traf Newton auf Nicholas Wickham, einen Studenten, der sich von der polternden Jovialität seines Zimmergenossen abgestoßen fühlte, und nach einem erhebenden

Meinungsaustausch, bei dem beide jungen Männer sich über ihre jeweiligen »unziemlichen Kameraden« beschwerten, stellten Newton und Wickham fest, daß die Schranke ihrer Entrüstung sie miteinander verband. Sie bezogen gemeinsam Quartier, regelten nüchtern ihren Tagesablauf, und falls Wickham irgendeine Vorstellung von der schwelenden intellektuellen Kraft seines Zimmergenossen hatte, so behielt er jeden diesbezüglichen Verdacht offenbar für sich.

Danach ist ein Großteil von Newtons Studentenleben verloren gegangen, wenigstens für eine Reihe von Monaten. Irgendwann im Verlauf des Jahres 1662 stellte er, von vagen Schuldgefühlen gequält, eine Liste seiner Sünden auf, die offenbar den Zweck hatte, den alle Beichten haben, und das ist, sich selbst einmal aus einiger Entfernung zu betrachten. Newton hatte abfällig über seine Mutter gesprochen, er hatte seine Schwester geschlagen, er hatte sich am Sabbat Vergnügungen erlaubt. Diese Jugendsünden mögen sein Gewissen belastet haben, aber sie konnten sein Herz nicht verdunkeln.

Gleichzeitig wissen wir aus anekdotischen Berichten, daß dieser Fähigkeit zur Selbstzerfleischung eine ebenso intensive, fast wollüstige intellektuelle Energie gegenüberstand, eine, die schon an Manie grenzte. Newtons tägliches Leben war ungeordnet; er schlief, wenn der Schlaf ihn übermannte. Er las fortwährend; er dachte pausenlos nach, oftmals tagelang ohne Unterbrechung. Er war oft zu abgelenkt, um zu essen, was Mitstudenten offenbar als untrügliches Zeichen für eine private Perversion deuteten. Er bewegte sich in einer Welt, die er mit niemandem teilen wollte, die zu beherrschen er aber noch nicht vermochte. Das war jetzt sein Leben. Es war das, was er mitbekommen hatte.

Als der kurze, spröde englische Tag widerstandslos in den Abend zusammenfiel, wanderten zwei hochgewachsene, nüchterne, ein wenig picklige englische Jünglinge, in schäbiges Schwarz gekleidet und die Strümpfe auf die Knöchel zusammengerutscht, düster die schmalen Kiespfade entlang, die von den Gemeinschaftsräumen zu ihrem Quartier führten, wobei sie sich, möchte man vermuten, gedämpft und in wenig aufschlußreicher Form unterhielten, Newton, indem er die Worte aus jenem tief innen verborgenen Ort heraufzog, an dem er seine Gedanken hegte und pflegte, und Wickham, indem er mit finsterer Zustimmung antwortete. Wie alle Männer, deren hauptsächliche Gemeinsamkeit in der Abneigung gegen andere besteht, waren sie in einer Verschwörung des Schweigens miteinander verbunden. Ihre Freundschaft sollte mehr als dreißig Jahre dauern, wobei Wickham sich nach und nach dazu aufschwang, Newtons Amanuensis und sein Assistent zu werden, und seine Kameradschaft an eine Atmosphäre, die vom tief zurückgezogenen Naturell seines Zimmergenossen frostig gemacht wurde, eine rein menschliche Wärme abgab. Wenn Newton sich nach mehr sehnte als der Gegenwart von Wickhams vertrautem und tröstlichen hausbackenen englischen Gesicht, wenn er am späten Nachmittag den Tee zu sich nahm oder sich widerwillig auf den Weg machte, um die Mahlzeiten einzunehmen, dann war das ein Begehren, das er nicht zum Ausdruck brachte, und ein Bedürfnis, nach dem er nicht handelte.

Das Unendliche

Irgendwann im Sommer 1665 entdeckte man die Leichen zweier französischer Matrosen in einer Seitengasse der Drury Lane in London. Das war an sich nichts Ungewöhnliches. Das Leben im London des siebzehnten Jahrhunderts war kurz und nicht viel wert, die Sterbenden starben, wo immer sie zu Boden fielen. Es war die Art ihres Todes, die diese Todesfälle aktenkundig machte und Anlaß zur Besorgnis gab. Beide Männer waren offenbar an einer schnell voranschreitenden, verheerenden Infektion gestorben, und beide Männer waren übersät mit Beulen, häßlichen violettroten Geschwulsten, die besonders zahlreich in den Achselhöhlen und an der Leiste ausgebrochen waren. Die Diagnose hieß unverkennbar Pest. Im vierzehnten Jahrhundert hatte die Pest mehr als ein Viertel der Bevölkerung Europas umgebracht; von Italien aus schoß sie empor wie ein Dolchstoß, entvölkerte Dörfer, zerstörte lokale Wirtschaftszusammenhänge, verdunkelte und verstörte die klügsten Köpfe des Kontinents, als sie sich resistent sowohl gegen medizinische Maßnahmen (unfundiert, wie sie es in der Regel waren) als auch Gebete (erfolglos in den meisten Fällen) erwies.

Die Pest war noch zweimal nach Europa zurückgekehrt, jedesmal weniger schwer, aber in einer Welt, die noch überhaupt kein Verständnis für Infektionskrankheiten hatte und dennoch der unseren schon so sehr glich, verlegten sich die englischen Behörden darauf, ihr Heil in der Unterbindung durch Abwendung zu suchen, um so einer Heimsuchung Herr zu werden, die sie auf andere Weise nicht beherrschen konnten. Die Universität Cambridge wurde geschlossen, ihre Professoren zogen sich diskret aufs Land zurück, ihre Rasenflächen und Gärten und Gebäude wurden der Obhut von Bediensteten überlassen, die nicht wußten, wohin sie sonst gehen sollten, und der wenigen Studenten, die nicht über die Mittel verfügten, überhaupt irgendwohin zu gehen.

Newton zog sich aufs Land nach Woolsthorpe zurück, die Früchte einer vierjährigen Ausbildung und einen Abschluß als Baccalaureus, als *Bachelor of Arts* in der Tasche. Die sechzehn Monate leidenschaftlichen und ekstatischen Studiums, die jetzt folgen, werden nach allgemeiner Einschätzung als Newtons *annus mirabilis* betrachtet, als die Zeit einer wunderbaren Blüte. Während die Pest ihren Weg durch die englischen Städte nahm, ging Newton, auf sich gestellt und allein, entscheidend über andere europäische Mathematiker hinaus, schwang sich zu ihnen hinauf und beherrschte sie dann. Im Alter, mit geschwächten Kräften, erinnerte sich Newton an das Jahr, in dem er sich dem Feuer ergeben hatte, das bis dahin in seiner Vorstellungskraft nur geschwelt hatte, und kommentierte in gesetztem, großartigem, aber typisch trockenem Ton, er sei eben damals in der Blüte seines Alters »auf dem Höhepunkt der Erfindungsfähigkeit« gewesen und habe sich »die Mathematik vor allem anderen angelegen sein lassen«.

Es war ein glücklicher Umstand für Newton, daß er die Reife seiner mathematischen Begabung in der zweiten Hälfte des siebzehnten Jahrhunderts erlangte, tatsächlich hatte er besonderes Glück. Es gibt Zeiten, in denen sogar in der Mathematik überhaupt nichts passiert. Die Uhr tickt weiter, wie sie schon immer getickt hat, die Schatten auf dem Zifferblatt der Sonnenuhr werden länger und verkürzen sich wieder. Abseits von dem, was man schon kennt, gibt es nichts Neues. Die Haut des Fachgebiets bekommt Runzeln. Mathematiker verbringen die Zeit damit, die ewig gleiche Handvoll Bücher sorgfältig im Regal aufzustellen und noch einmal anders aufzustellen. Es regnet. Irgendwer hustet belegt in der naßkalten Nacht. Und dann, plötzlich, ändert sich alles. Niemand weiß genau, warum. Mathematiker, die eben noch geschnarcht haben, wachen mit einem Grunzlaut auf, mit Augen, die noch schlafgerötet sind, fangen sie an, ihre Papiere hin und her zu schichten, bemerken hier etwas und notieren da etwas, stellen Verbindungen her, fassen Vermutungen in feste Form, kritzeln ihre nun dringlich gewordenen Botschaften an den schmalen Rand der Seite.

Die Mathematiker, deren durcheinanderplappernde Stimmen Newton hörte, waren seit nicht mehr als einhundertfünfzig Jahren hellwach; sie hatten die Dezimalschreibweise gemeistert und den Logarithmus erfunden. Sie hatten die analytische Geometrie geschaffen und gelernt, kubische Gleichungen zu lösen, und sie hatten begonnen, algebraische Kurven zu klassifizieren. Das Fach, das sie erschufen, glich einem Archipel: spezifische Einzelprobleme erhoben sich vom Meeresboden und durchstießen die Wasseroberfläche. Die Landbrücke, die diese Probleme verbinden und dem Mathematiker zeigen würde, daß es sich dabei um getrennte Aspekte einer einheitlichen Landmasse handelte, hatte sich noch nicht herausgebildet oder allenfalls unvollständig herausgebildet. Die Mathematiker hielten sich bei Laune, indem sie einander knifflige Fragen stellten. Sie genossen ihren Scharfsinn in vollen Zügen. »Wir sind uns vollständig dessen sicher«, schrieb Johann Bernoulli in einem Brief, in dem er ein berühmtes Problem zur Debatte stellte*, »daß es kaum etwas gibt, das eher darauf berechnet ist, edle Geister dazu anzuspornen, ein Werk

* Das Problem der optimierten Fallwegskurve, der »Brachistochrone«, siehe S. 181 f.

zu unternehmen, das der Mehrung des Wissens dient, als die Stellung von Aufgaben, deren Lösung ebenso schwierig wie nützlich ist ...«

Wenn die großen Mathematiker Europas auch nur Inseln auftauchen sahen aus einem sonnenüberfluteten Meer, so war die Landbrücke, die sie verbindet, doch bereits im Entstehen begriffen, verband an manchen Stellen schon verschiedene Teile des Ganzen und ließ ihre massive Präsenz in so etwas fühlen wie einer Art vorahnenden Prickelns bei den sensibleren Mathematikern, einer Art vagen Bewußtseins dafür, daß Form und Natur ihres Faches sich gerade veränderten. Das siebzehnte Jahrhundert, trotz seiner schlechten Straßen, minderwertigen Ernährung, schauderhaften sanitären Einrichtungen und beklagenswerten Hygiene, war die Ära, in der die mathematische Phantasie in einem großartigen und zutiefst rätselhaften Akt der Selbsterschaffung sich selbst transzendierte.

Gut dreißig Jahre bevor Newton 1664 oder 1665 seine mathematische Reife erlangte, hatte Galilei gesagt, das Buch der Natur sei in der Sprache der Zahlen geschrieben. Damit wiederholte er ein Motiv, das mindestens seit der Zeit der alten Griechen vertraut war. Aber obschon Philosophen und Mathematiker über zweitausend Jahre hinweg erkannt hatten, daß zwischen Zahlen und der Welt der materiellen Objekte eine Verbindung bestand, so besaßen sie doch nicht die Werkzeuge, eine Einsicht auszudrücken, die ebensosehr mystisch wie mathematisch war. Während die Jahre des siebzehnten Jahrhunderts sich eines nach dem anderen in Krieg, Königsmord und idiotischen religiösen Kontroversen erschöpften, begannen die Mathematiker wohlgemut die Techniken zu sammeln, die sie später zu einer mächtigen Theorie von Raum und Zeit erweitern würden, um schließlich das schicksalhafte Versprechen ihrer Kunst doch noch einzulösen. Die Infinitesimalrechnung war ihre höchste Schöpfung, die große Synthese, durch die die moderne Naturwissenschaft erst ermöglicht wurde. Und während Teile dieser Synthese schon seit mehr als hundert Jahren bereitlagen, fiel es Isaac Newton und Gottfried Leibniz zu, ganz unabhängig voneinander, die verstreuten Hinweise geduldig zusammenzufügen und, in einem Akt vollendeter Meisterschaft über das eigene Denken, den Punkt zu erkennen, an dem die Verbindung zwischen disparaten Begriffen gefunden und gefestigt werden konnte.

Es sah kaum danach aus, als könne Newton einmal die Welt der Mathematik beherrschen. Welche Vorlesungen er in Cambridge auch besuchte, soweit wir wissen, besuchte er sie schweigend. Er kannte die *Elemente* des Euklid, er hatte die *Geometrie* des Descartes gelesen, er verstand mit Sicherheit die Grundlagen der Algebra, Analysis und Trigonometrie im siebzehnten Jahrhundert und vielleicht sogar auch etwas von der Wahrscheinlichkeitstheorie, einer noch unvollständigen Disziplin, der Statistik flüchtiger Hoffnungen. Er hatte mit spitzem Bleistift die Werke von William Oughtred, François Viète und Frans van Schooten gelesen, und er hatte die *Arithmetica infinitorum* von John Wallis studiert. Aber wenn er sich seine Kenntnisse auch selbst angeeignet hatte, so litt er doch weder unter intellektueller Unsicherheit noch einem Hang zu verantwortungslosem Draufgängertum. Sein Verständnis für die Mathematik des siebzehnten Jahrhunderts war von Anfang an reif und umfassend. Auch neigte er nicht dazu, die Zeit und damit die Mühe zu unterschätzen, die ihn seine Ausbildung gekostet hatte. In einem Brief, den er 1695 an Nathaniel Hawes schrieb, den Schatzmeister des Christ's Hospital, kommentierte er ein Curriculum, das er selbst in Teilen vorgeschlagen hatte, mit der Bemerkung: »Zwei Jahre scheinen mir eine zu knapp bemessene Zeit für diesen Lehrplan.«

In den ersten zwölf Monaten seines Exils auf dem Lande ging Newton den gesamten Bestand der Mathematik des siebzehnten Jahrhunderts kreuz und quer durch. Unter den erhaltenen Papieren bietet der »Traktat« von 1666 eine zwar unvollständige, aber verheißungsvolle Einsicht in seine Fortschritte, das Spiel seines Geistes. Es war der Gedanke der Kontinuität, der Newtons Phantasie beherrschte. Es ist dies ein Gedanke, der aus der Erfahrung des Lebens selbst erwächst. So sehr man auch die Zeit einteilen mag, in Wachen und Schlaf, in Arbeit und Muße, irgend etwas legt doch unwiderstehlich die Vorstellung nahe, daß es sich dabei um künstliche Stufen in etwas handelt, das eigentlich und im tiefsten Grunde ein Fluß ist, eine Bewegung, die langsam, aber unerbittlich von der Vergangenheit in die Zukunft voranschreitet. Wenn Kontinuität das charakteristische Merkmal der Erfahrung ist, so ist es aber auch ein Merkmal der Art und Weise, nach der sich materielle Objekte verhalten. Die Sonne geht auf, dann geht sie unter, und ihr Weg hat keine unterscheidbaren Aspekte oder Abschnitte, ihre Bewegung vollzieht sich unterbrechungslos in einem großen Bogen; der Mond nimmt zu und nimmt ab und geht dabei seinen Weg in einem kühlen Nebel durch die verschleierte Nacht. Geschosse verlassen die Mündung einer Kanone und bewegen sich aufwärts, bis sie den Gipfelpunkt ihrer Bahn erreichen, um sich dann sanft und ohne Unterbrechung wieder abwärts zu senken und zur Erde zurückzukehren. Bei all dem herrscht ein Eindruck von Ununterbrochenheit vor, von Nahtlosigkeit, fast als wären die Sonne, der Mond und abgewogene Ladung der Kanone von demselben Fluß getragen, der auch das Bewußtsein selbst trägt, und als wären ihre Unterschiede in Geschwindigkeit oder Richtung Ähnlichkeiten untergeordnet, die der Natur des Ablaufs selbst anhaften.

Newtons Intelligenz war abnorm empfindlich für Nuancen der Kontinuität; er dachte in großen, geschmeidig-lässigen Bewegungen, sein Geist wandte sich Flüssen und Fluxionen zu, Dingen, die sich sanft änderten; er war offenbar fähig, geometrische Figuren sich kontinuierlich verformen zu sehen, wie bei einem Kreis, der zusammengedrückt und damit zu einer Ellipse wird. Und er war einer der ersten unter den großen Mathematikern, der die Erfahrung der Kontinuität der Disziplin der Zahl unterwarf.

Bemerkenswerterweise taucht der Begriff der Kontinuität in seinem Denken als solcher gar nicht auf. Er ist vorausgesetzter Hintergrund und spielt sogar in diesem Fall noch die Rolle, die er sonst auch spielt. Es gelang Newton nie, den eigenen machtvollen Sinn für Kontinuität ins klare Bewußtsein zu zwingen. Die mathematischen Werkzeuge, die er sich zu eigen machte, sollten erst vor einem Hintergrund zu ihrem vollen Sinn finden, der zweihundert Jahre später von Mathematikern wie Cauchy, Weierstrass, Dedekind, Kronecker und Cantor ausgeleuchtet werden würde, Mathematikern, die verstanden hatten, was Newton geleistet hatte, und sehen konnten, wo die Schärfe seiner Bewußtheit ihre Grenzen gefunden hatte.

Die für Newton typische Gedankenfigur war die Bewegung eines elegant und glatt ausgeführten Abhebens, bei dem er sich irgendwo im Reich der gewöhnlichen Zahlen abstieß und dann, mit plötzlich riesiger Beschleunigung, hinausflog auf Punkte zu, die weit außerhalb lagen. Der binomische Lehrsatz ist ein beeindruckendes Beispiel sowohl für die Kraft seiner mathematischen Intelligenz als auch für deren typische Flugbahn. Der Satz behandelt ein einfaches Problem: Wenn zwei Zahlen addiert werden und ihre Summe dann zur Potenz erhoben wird – also etwa $(a + b)^2$ oder $(a + b)^3$ – was kommt dann dabei heraus? Mathematiker vor Newton wußten, wie man eine beliebige ganzzahlige Potenz von $(a + b)$ berechnen mußte. Was ihnen fehlte, diesen Mathematikern, war eine Methode, dieses Wissen auch in einer einzigen kondensierten, formelhaft kodierten Zeile auszudrücken.

Jetzt hat Isaac Newton seinen Auftritt, erst vierundzwanzig Jahre alt, seit kurzem zurückgezogen aufs Land, nicht gerade reinlich, in persönlichen Dingen nicht gerade gewissenhaft. Er hat Tintenflecke zwischen Daumen und Zeigefinger. Auf dem Tisch, in unordentlichen Stapeln, Bücher auf Latein, Griechisch, Französisch und Englisch, der nachlässig aufgehäufte Schatz europäischer Gelehrsamkeit. Die Fenster sind geschlossen, die Luft steht, das Bett ist nicht gemacht, Newtons verschlissene Wäsche häuft sich in einer Ecke, und die zusammengebackenen Reste des Abendessens auf einem Zinnteller stehen noch immer auf der Kommode aus Walnußholz herum. Ich glaube, der Nachttopf ist auch noch nicht geleert worden. Newton wandert zwischen Bett und Stuhl hin und her, verschränkt die langen Finger, starrt ins Leere, und dann, als die Bö seines Denkens seinen Geist durchfahren hat, beugt er sich vor, ergreift die tintengetränkte Feder und beginnt, ein neues Blatt Pergament mit Zahlengekritzel zu füllen.

Jene formelhaft kondensierte Zeile tritt ans Licht:

$$(a+b)^n = a^n + na^{n-1}b + \frac{n(n-1)}{2!}a^{n-2}b^2 + \ldots + nab^{n-1} + b^{n*}$$

Aber es kommt noch mehr. Der binomische Lehrsatz erfaßt alle Fälle, in denen die Entwicklung mit ganzzahlig positiven Exponenten vorgenommen wird. Der Satz sieht keine negativen oder Bruchzahlen als Exponenten vor. Genau an dieser Stelle schwingt nun die massive Tür des Gewohnten auf und gibt einen völlig neuen Ausblick frei, eine bescheidene Ausdehnung der Reichweite eines mathematischen Ausdrucks, die eine ebenso subtile wie tiefgreifende Neubewertung der Vorgehensweise bei seiner Entwicklung mit sich bringt. Wo zuvor eine einzige endliche Formel ihr Eigengewicht hatte, unabhängig von den Zahlen, die in sie eingesetzt wurden, muß die benötigte Formel jetzt selbst *unendlich* werden, womit die prosaische Welt der Symbole und Zeichen in den freien Raum hinein explodiert.

Newtons Erweiterung des binomischen Lehrsatzes bediente sich mathematischer Ausdrücke, die als *unendliche Reihen* bekannt sind. Eine unendliche Reihe ist genau das, was der Begriff vermuten läßt,

* Hier gibt es nur ein einziges erklärungsbedürftiges Symbol, das Ausrufezeichen »!«. »2!«, lies »zwei Fakultät«, bedeutet das Produkt von zwei und eins. Genauso bedeutet 5! das Produkt 5 mal 4 mal 3 mal 2 mal 1. Und entsprechend für alle anderen Zahlen.

nämlich eine Reihe von Zahlen, die niemals abbricht. Nehmen wir einmal $(1 + x)^n$, und setzen wir x als 0,1 und n als ½. Dann erfordert die Formelsprache die Berechnung der Quadratwurzel von 1,1. Aber es gibt keine strikt endliche Formel für die Berechnung dieser Größe. Statt dessen gibt es dies:

$$(1+x)^n = 1 + nx + \frac{n(n-1)}{2!}x^2 + \frac{n(n-1)(n-2)}{3!}x^3 + \ldots + \frac{n(n-1)\ldots(n-k+1)}{k!}x^k + \ldots$$

also eine *unendliche* Rechenoperation, die mit endlichen Mitteln ausgedrückt wird. Die Ausdrücke in der Reihe werden einer nach dem anderen berechnet, aufsummiert, und der Wert von $(1 + x)^n$ wird damit schrittweise immer genauer angegeben: Der Wert für $(1 + 0{,}1)^{1/2}$ ergibt sich also als Summe von 1, ½ (0,1), –⅛ $(0{,}1)^2$ …, und so immer weiter. Je weiter diese binomische Reihe entwickelt wird, desto besser ist die Annäherung an die Quadratwurzel von 1,1.

Das selbst ist schon aufregend, ein wenig, als sähe man eine wirre Folge verhuschter Bilder plötzlich scharf werden und dann, entlangtransportiert vor der Projektionslampe, mit einem Mal eine unerwartete Szene enthüllen; aber eine unendliche Reihe kann mehr, als den Mathematiker einfach Schritt für Schritt voranbringen. Während die Teilsummen sich akkumulieren, können sie einer ganz bestimmten Zahl zustreben, einem Grenzwert. Wenn dem so ist, wird diese Zahl der Reihe als Summe zugewiesen, womit die Domestizierung des Unendlichen erreicht ist. Die schrittweise Entwicklung bringt dem Mathematiker die Wahrheit scheibchenweise, ihr Grenzwert bringt dem Mathematiker die Wahrheit selbst.

Das wußte und verstand Newton natürlich, er war ein Meister auf dem Gebiet der unendlichen Reihen. Aber den Begriff eines Grenzwertes, wie so vieles andere, konnte er nicht definieren. Auch niemand anders konnte das. Und auch das ist ein Aspekt seines in sich selbst absorbierten Bewußtseins, denn die Definition des Grenzwertes verlangte von den Mathematikern zweihundert Jahre tiefer und angestrengter Überlegung, bis der Begriff der Kontinuität selbst schließlich zu seiner Definition durchbrach wie die Sonne, die endlich hinter dunklen Wolken hervortritt.

Wenn ich hier der Darstellung der Problematik einen Schleier von Mythos und Metapher gelassen habe, dann nur deswegen, weil ich sie, während ich im siebzehnten Jahrhundert herumbummelte, genau so vorgefunden habe.

Wenn Newton das Glück hatte, Mathematik in seiner Zeit studieren zu können, so hatte er ein zweites Mal Glück mit der naturwissenschaftlichen Tradition, die er beerbte – sie war glänzend, scharfsinnig und kurz. Mithilfe von Instrumenten, die leistungsfähiger waren als alle, die den alten Griechen bekannt waren, hatten Tycho Brahe, Johannes Kepler und Nikolaus Kopernikus den Himmel mit unerhörter Geduld untersucht. Ihre Forschungen hatten der Gemeinde der Naturphilosophen etwas gegeben, das sie nie zuvor besessen hatten – wohlgeordnete Daten in quantitativer Form. Das führte dazu, daß die astronomische Theorie erstmals danach beurteilt wurde, in welchem Maße sie zusammengetragene *Einzelfakten* vorauszusagen oder zu erklären vermochte. Natürlich waren Theorien, bevor sie akzeptiert oder verworfen wurden, immer am gebieterischen Maßstab der Wahrheit gemessen worden. Auch in der antiken Welt hatte niemand je behauptet, die Sonne ginge im Westen auf und im Osten unter, aber in keiner anderen Epoche hatten die Astronomen oder Naturphilosophen die Wahrheit so weitgehend in quantitativer Hinsicht bestimmt. Erst mit der Ansammlung solcher Fakten konnte ein energischer Prozeß aus Frage und Antwort beginnen, in dem die Naturforscher vielleicht zum ersten Mal ein Verständnis dafür gewannen, daß sich die Natur durch Messungen und Experimente dazu drängen ließ, Antworten auf immer tiefere Fragen zu geben.

Zu der Zeit, als Newton in sein drittes Lebensjahrzehnt trat, hatte das alte ptolemäische Weltbild der Astronomie, in dem die Erde im Zentrum der beobachtbaren Natur stand und die Planeten in extravaganten Epizyklen um ihren Mittelpunkt herumschwangen, bereits der neuen kopernikanischen Sicht eines Universums Platz gemacht, in dem die Erde einer von mehreren Himmelskörpern war, die eine Bahn um die Sonne zogen.

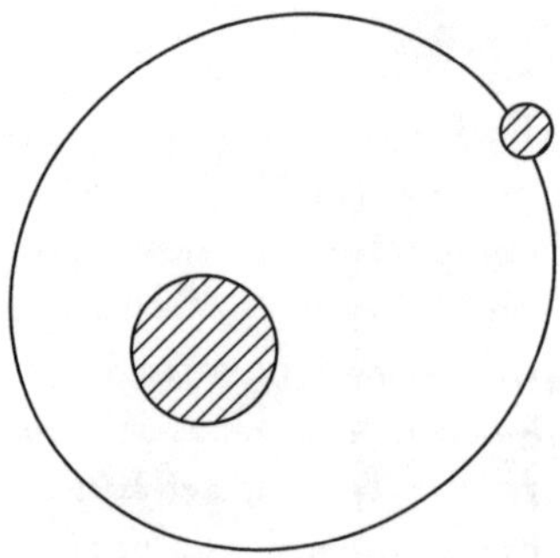

Die elliptische Umlaufbahn der Erde

Kepler nun war darüber noch hinausgegangen und hatte aus seinen Beobachtungen drei klare und kompakte Gesetze herausdestilliert. Das erste drückte einfach das aus, was bereits offensichtlich war: Die Planeten beschreiben auf dem Weg um die Sonne eine elliptische Bahn. Kepler sträubte sich gegen diesen Schluß, offenbar aus einem Gefühl heraus, daß der Kreis als ästhetisch vollkommenere Form der Ellipse überlegen war. Als er sich schließlich dem beugte, was die Beobachtung gezeigt hatte, wurde er der erste Mensch in der Geschichte, der sich selbst einem experimentellen Programm völlig unterordnete, und damit der erste der großen Forscher.

Keplers zweites Gesetz drückte eine geometrische Beziehung zwischen der Sonne als Punkt im Raum und den Umlaufbahnen der Planeten als Kurven aus. Eine gedachte gerade Linie, die die Sonne mit einem Planeten verbindet, verbindet also einen festen Punkt mit einem Punkt, der sich auf einer Kurve bewegt und dabei Wege zurücklegt. Diese gedachte Verbindungslinie, so behauptete Kepler, überstreicht gleiche Teilflächen der Ellipse in gleichen Zeiträumen. Gleichen *Zeiträumen*, wohlgemerkt, nicht gleichen zurückgelegten Wegstrecken. Kepler verstand, daß sich die Planeten nicht mit einer festen Geschwindigkeit bewegen, sondern langsamer werden, wenn sie weit entfernt von der Sonne vorbeiziehen, und schneller werden, wenn sie ihrem Mittelpunkt näher kommen.

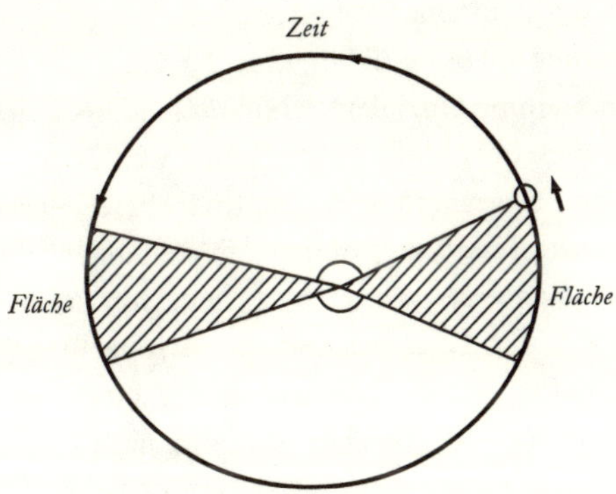

Bahnradien von Planeten überstreichen
gleiche Flächen in gleichen Zeitraumen

Und schließlich behauptete Kepler – und faßte sein drittes Gesetz gleich in einen mathematischen Ausdruck –, daß die Umlaufzeit jedes beliebigen Planeten um die Sonne zu seiner mittleren Entfernung von ihr im Vergleich mit jedem anderen beliebigen Planeten in einem einfachen proportionalen Verhältnis steht. Bei zwei verschiedenen Planeten stehen die jeweiligen Umlaufzeiten, ins Quadrat erhoben, im selben Verhältnis zueinander wie ihre jeweiligen mittleren Sonnenentfernungen, wenn man sie ins Kubik erhebt. Nimmt man die Erde als einen dieser Planeten und benutzt ihre bekannte Umlaufzeit und mittlere Sonnenentfernung als Einheiten für Zeit und Entfernung, so ergibt sich ein einfaches Gesetz, das es beispielsweise erlaubt, aus der gemessenen Umlaufzeit eines beobachteten Planeten seine Entfernung von der Sonne zu berechnen: Das Quadrat der Umlaufzeit (T), gemessen als Teil oder Vielfaches der Erdumlaufzeit (also in Jahren), ist gleich dem Kubik der mittleren Sonnenentfernung (a), gemessen als Teil oder Vielfaches der bekannten mittleren Erdentfernung von der Sonne. Kurz: $T^2 = a^3$. Zeit und Entfernung sind jetzt über eine sehr simple (wenn auch überraschende) mathematische Beziehung miteinander verbunden.

Die Keplerschen Gesetze nehmen in der Geistesgeschichte eine herausragende Stellung ein, allein schon deshalb, weil sie ohne Vorbild sind. Sie gehen über bloße Beobachtung weit hinaus, um Beziehungen zwischen abstrakten und quantitativen Eigenschaften von Himmelskörpern erfassen zu können. Vorstellungen, die sich dem gesunden Menschenverstand weit entziehen, wurden mathematisch interpretiert. Mit der Unterwerfung der Beobachtung unter das theoretische Denken hat die menschliche Phantasie einen Panzer durchbrochen, der sie von alters her eingeengt hatte.

Wenn Keplers Gesetze der Planetenbewegung die eine Strebe bildeten, auf der der Brückenbau von Newtons intellektuellem Erbe ruhte, so bildeten Galileis Gesetze des freien Falls die andere. Galilei, der ungefähr zur gleichen Zeit wie Kepler seine Erkenntnisse festhielt, hatte sich die Bewegung materieller Objekte auf der Erde zur bevorzugten Region auf der Karte der menschlichen Vorstellungskraft erkoren. Was er leistete, war ein Werk der Widerlegung und Anregung zugleich. Die aristotelische Doktrin der Antriebskraft hatte mehr als zweitausend Jahre lang als eine offenkundige, gar unausweichliche Begründung für Bewegung gedient. Ein Objekt wird geworfen. Es ist eine Zeit lang unterwegs und verliert dann an Geschwindigkeit, weil ihm der Dampf ausgeht. Wie könnte man die platten Tatsachen unserer Erfahrung besser erklären als mit der Annahme, daß dem Objekt anfangs ein Impuls oder eine Kraft in einer bestimmten Quantität mitgegeben worden ist? Während das Objekt in Bewegung ist, verbraucht es seinen Antrieb oder seine Kraft und kehrt daher in einen Zustand der Ruhe zurück. Der Ruhezustand ist also der natürliche Zustand für materielle Objekte. Und das muß ja sicherlich stimmen. Gegenstände auf der Erdoberfläche *ruhen*, alles andere erfordert den Einsatz von Hilfsmitteln.

Mit bemerkenswerter intellektueller Aufmüpfigkeit verwarf Galilei das Antriebsgesetz, und außerdem verwarf er die Vorstellung, materielle Objekte bevorzugten bestimmte Zustände oder Bedingungen. Simpel gesagt: Er verabschiedete sich von den simplen Tatsachen und ersetzte das Antriebsgesetz des Aristoteles durch sein eigenes Trägheitsgesetz. Ein Objekt in gleichförmig geradliniger Bewegung ist eines, das mit gleichbleibender Geschwindigkeit einer geraden Linie folgt. Objekte in gleichförmig geradliniger Bewegung, versicherte Galilei, werden sich so weiterbewegen, sofern nicht andere materielle Objekte auf sie einwirken; ruhende Objekte, die nicht in Bewegung sind, bleiben in Ruhe. Es gibt keine wesenhafte Unterscheidung zwischen dem Zustand der Bewegung und dem Ruhezustand mehr. Und da keine Antriebsenergie in der Bewegung verbraucht wird, braucht man auch den Antrieb nicht mehr, um das zu erklären.

Verglichen mit der Antriebslehre ist das Prinzip der Trägheit wenig offensichtlich. Ein kühner Akt der Abstraktion ist erforderlich, wenn man es verstehen will, denn selbstverständlich wußte Galilei, daß Pfeile, Speere, Kutschen und mächtige Kriegsschiffe allesamt eine Weile in Bewegung sind, dann halten sie an. Nur wenn man diesen

Ablauf durch eine idealisierende Brille sieht, kommt eine andere Geschichte zum Vorschein. Auf der Erde kommen tatsächlich alle Objekte irgendwann wieder mühsam zur Ruhe, aber nicht etwa, weil sie ihren Antrieb erschöpft haben. Sie halten an, weil etwas sie anhalten läßt. Ohne solche Kräfte würden sie sich in Ewigkeit weiterbewegen. Niemand vor Galileo hatte jemals Objekte gesehen, die für immer in Bewegung bleiben, und nach ihm hat das auch niemand gesehen. Unsere Erfahrungen werden von der Schwerkraft der Erde verzerrt. Und doch konnte Galilei den Weg zu einem abstrakten Konstrukt finden, in dem Ruhe und Bewegung keine individuellen Zustände mehr sind, Objekte sich bewegen, bis sie daran gehindert werden, und die Bewegung dem vorbestimmten Lauf ohne jeden Antrieb folgt.

Dieselbe Kühnheit, die es Galilei erlaubte, überhaupt den Schleier des äußeren Anscheins zu lüften, erlaubte es ihm auch, den besonderen Schleier zu lüften, der frei fallende Gegenstände seit langem in ein Geheimnis hüllte. Der gesunde Menschenverstand legt nahe, daß ein Pfennigstück und ein Bleigewicht, wenn man sie fallen läßt, mit unterschiedlicher Geschwindigkeit fallen. Das Bleigewicht ist schwerer. Es sollte auch schneller sein. Der gesunde Menschenverstand legte das nicht nur nahe, er tat es auch mit so großer Autorität, daß die Angelegenheit niemals experimentell überprüft wurde. Warum das Offensichtliche in Zweifel ziehen?

Als dann aber Galilei unterschiedliche Gewichte vom Schiefen Turm zu Pisa fallen ließ, stellte er fest, daß ihre Fallgeschwindigkeit unverändert blieb. Münzen und Bleigewichte fielen mit derselben Geschwindigkeit und erzeugten das gleiche befriedigende Aufprallgeräusch. Die Tatsache, daß das so ist, ist eben, was es ist – eine *Tatsache*; und das Gesetz, das dieser Tatsache Ausdruck gibt, ist das erste von Galileis Fallgesetzen.

Das zweite folgt. Die Geschwindigkeit eines fallenden Objekts und damit auch die Entfernung, die es zurücklegt, wird von seiner Beschleunigung bestimmt und von sonst nichts. Beschleunigung ist das

Maß der Geschwindigkeitsänderung, etwa wenn ein Düsenflugzeug mit aufheulenden Turbinen die Passagiere in die Sitze drückt. Es ist die Schwerkraft, die die Beschleunigung eines frei fallenden Objekts bestimmt und sich auf alle fallenden Objekte unabhängig von deren Eigenart oder Zusammensetzung auswirkt. Sie zerrt an Münzen und Bleigewichten gleichermaßen, und ihre Kraft erhöht deren Geschwindigkeit um ungefähr 9,80 Meter pro Sekunde in jeder Sekunde. Die Schwerkraftbeschleunigung an der Erdoberfläche ist konstant. Sie verändert sich nicht. Niemand vor Galilei hat das gewußt.

Die Erkenntnisse von Kepler und Galilei waren feinsinnig, und sie waren tiefgründig, aber sie waren auch aufreizend unvollständig. Kepler hatte entschieden, daß die Planetenbahnen gewisse geometrische Regelmäßigkeiten zeigten; eine vernünftige Begründung dafür konnte er nicht geben. Warum sollten es sich die Planeten in den Kopf gesetzt haben, eine Ellipse zu beschreiben und nicht irgendeine andere Figur? Übrigens, warum eigentlich waren sie überhaupt in Bewegung? Objekte nahe der Erdoberfläche verharren nur einen Augenblick lang in der Höhe, dann kommen sie herunter. Welche Kraft hielt die Erde auf ihrer Bahn um die Sonne?

Die Aura des Geheimnisvollen verdichtet sich, wenn die Arbeiten Galileis und Keplers gemeinsam betrachtet werden, denn es bleibt der tückisch irritierende Verdacht, daß Galilei und Kepler Erscheinungen beschreiben, die irgendwie auf vertrackte und schwer zu fassende Weise miteinander verbunden sein könnten, und sei es nur, weil Schwerebeschleunigung und Planetenbewegung sich darin ähneln, daß sie Bewegungsformen materieller Körper beschreiben. Aber mal ehrlich, Planeten sind das eine, fallende Objekte auf der Erde das andere. Schließlich fallen Planeten ja nicht. Unbeeindruckt ziehen sie einfach ihre Bahn über den Nachthimmel, wie sie das schon immer getan haben.

Bestimmte Fragen kristallisierten sich heraus, und kristallisierten sich in neuer Form, über das ganze sechzehnte Jahrhundert hinweg;

sie glitzerten weit entfernt von dem Ort, an dem solche Fragen entstehen.

All das wußte Newton in seinem Jahr des leidenschaftlichen und selbstvergessenen Studiums, muß es gewußt haben. Es wäre interessant, einen Zugang dazu zu haben, wie sein Bewußtsein sich damals faltete und entfaltete. Seine Papiere allein sind dabei wenig aufschlußreich. Introspektion ist selten darin zu finden. Aber das Hervortreten einer überragenden Intelligenz regt unsere Phantasie an. Newtons Biographen stimmen darin überein, daß dieser Mann über ungewöhnliche Konzentrationskraft verfügte und ein Problem, wie Lord Keynes einmal bemerkte, wochen- und monate- und jahrelang in seinem Geist festhalten konnte, bis es schließlich aufbrach und seine Geheimnisse preisgab. Diese beharrliche und ausdauernde Fähigkeit zur gezielten Ausrichtung des Geistes ist in Teilen der gemeinsame Besitz von Mathematikern und Mystikern. Wie es auch gewisse Erfahrungen des Unendlichen sind. Schließlich haben Mystiker seit unvordenklichen Zeiten von einer ekstatischen Kommunion mit dem Grenzenlosen geschrieben. Ihre Beschreibungen gehören zu den Schätzen der Menschheit. Und sie sind alle gleich. Ein Regen badet jene leidend trockenen Wurzeln. Die Leiden des Selbst verflüchtigen sich in einer heilenden großen Leere. Die Unterscheidung zwischen Subjekt und Objekt verliert sich. Die Nervenenden knospen hervor und beginnen zu zittern. Und dann schwindelt der Seele, als sie von der Unendlichkeit umfangen wird. Danach versagen alle Fähigkeiten zur Übermittlung, und der Mystiker, in seinen Körper zurückgekehrt, ist nur noch in der Lage, eine Hand mit gespreizten Fingern auf sein brennendes Herz zu legen und mit ausgestrecktem Finger auf ferne Himmel zu weisen.

Solcherlei Erfahrungen dürften Newtons Temperament fremd gewesen sein. In seinen Briefen findet sich keine Erwähnung einer mystischen Kommunion. Dennoch gibt es da eine Geschichte, die der Phantasie Nahrung gibt. Als junger Mann führte Newton ein optisches Experiment durch und starrte unentwegt in die Sonne, um die Nachbilder studieren zu können, die dieser Eindruck hervorrief. Das Unterfangen war wohl kaum darauf angelegt, seine Sehkraft zu verbessern.

»In wenigen Stunden hatte ich meine Augen dermaßen in üble Bedrängnis gebracht, daß ich auf keinen hellen Gegenstand blicken konnte, mit dem einen oder dem anderen Auge, ohne die Sonne vor mir zu sehen, so daß ich es nicht zu unternehmen wagte, zu schreiben noch zu lesen, sondern mich behufs der Wiedererlangung des Gebrauchs meiner Augen in meine Kammer schloß, die ich verdunkelt hielt drei volle Tage lang & alle Mittel nutzte, meine Gedanken von der Sonne fernzuhalten. Denn wenn ich an sie dachte, so sah ich sofort ihr Bild, obschon ich im Dunkel war. Aber dadurch, daß ich mich im Dunklen hielt & meinen Geist auf andere Dinge wandte, konnte ich nach drei oder vier Tagen den Gebrauch meiner Augen zu gewissen Teilen zurückerlangen & stellte ihn einigermaßen wieder her, indem ich es mir einige weitere Tage lang versagte, auf helle Gegenstände zu blicken, aber doch nicht so gut, daß nicht noch Monate später das Spektrum der Sonne wiederzukehren begann, sooft ich nur begann, über diese Erscheinung nachzudenken, und wenn ich auch um Mitternacht bei zugezogenen Vorhängen in meinem Bette lag.«

»Wie Jakob«, bemerkt einer von Newtons Biographen, »hatte Newton einem Gott ins Antlitz geblickt und war doch verschont worden.«*

*Nous connaissons qu'il y a un infini et ignorons sa nature.***

* Frank E. Manuel, *Portrait of Isaac Newton*, Cambridge, Mass. (Harvard University Press) 1968, S. 85

** Pascal, *Pensées*, Artikel III, 255 [»Wir wissen, daß es ein Unendliches gibt, aber wir kennen nicht sein Wesen.«]

Das besondere Handwerkszeug

Sollte die Natur ein Buch sein, dann keines, das leicht zu lesen wäre. Sicher steckt es voller Hinweise, wie eine Fremdsprache, die vertraute Wörter enthält. Die Zeit geht von der Vergangenheit in die Zukunft über; die Jahreszeiten folgen einander; die Planeten drehen sich in den eingeätzten Kurven ihrer himmlischen Sphären. Das sind die Regelmäßigkeiten, auf denen das Leben beruht. Aber keine Darstellung, die sich auf die Auflistung dieser Regelmäßigkeiten beschränkt, reicht für sich genommen schon aus, den geheimen Plan zu offenbaren, nach dem sie geordnet sind. Aus diesem Grund haben sich Philosophen immer das spezielle Handwerkszeug gewünscht, das sie schließlich befähigen würde, das Buch der Natur – das *Buch* – zu lesen: Die Buchstaben würden sich zu Wörtern zusammenfügen, dann zu Sätzen und Absätzen, und die Bedeutung der Botschaft flösse heraus wie Wasser über trockenen Sand.

Lange glaubten die Philosophen, das Werkzeug, das sie benötigten, sei vielleicht unmittelbar hinter dem Vertrauten zu finden. Menschliche Wesen verändern die Welt, indem sie auf sie einwirken. So wie ein Pflug eine Furche in den Acker gräbt, so gräbt die Sonne eine Furche in den Himmel. Der Pflug gehorcht menschlichem Willen, die Sonne bewegt sich, wie ein Gott sie bewegen könnte. Dinge geschehen in der Natur als Ergebnis einer Willensausübung, und dieser Wille ist geleitet von einem erkennbaren menschlichen Gefühl – Furcht, Zorn, Stolz, Eifersucht oder sexueller Exaltation. Diese Denkweise ist sehr plausibel; sie mag sich am Ende der Zeiten gar als die richtige erweisen. Wenn im Leben nichts ohne irgendeine Form intelligenten Handelns geschieht, dann vielleicht auch in der Natur. Die jeglichem Gefühl zuwiderlaufende Vorstellung, das *Buch* könnte möglicherweise gar kein Gefühlsdrama schildern, brauchte Tausende von Jahren, bevor sie ganz ins Bewußtsein einsinken konnte; selbst die meisterhaften Griechen, die sich ihrer Beherrschung der Geometrie sicher waren, blickten hinaus in einen flammenden Himmel, in dem Götter und Göttinnen in geflügelten Wagen überirdische Pfade zogen.

Es ist die Infinitesimalrechnung, die erstmals Mathematikern einen Zugang zum *Buch* gewährte, und es ist die Infinitesimalrechnung, die in Newtons Händen zu seinem besonderen Handwerkszeug wurde.

Und zu dem unseren.

Newtons rein mathematische Leidenschaften loderten innerhalb von sechzehn Monaten zur hellen Flamme auf; zu der Zeit, da er Cambridge verließ und sich aufs Land zurückzog, während die Pest die Universität besetzte, hatte er sich bereits tief in die frei fließenden Strömungen der europäischen Mathematik versenkt und herausgefunden, zweifellos mit einem Gefühl der Befriedigung, daß seine Kräfte nur von seiner Geduld begrenzt wurden. In Woolsthorpe dann lösten sich diese Kräfte in der Entdeckung der Infinitesimalrechnung. Newton hat keine autobiographischen Aufzeichnungen zu seiner großen Leistung hinterlassen; er »*hatte* die Methode der Fluxionen« einfach irgendwann während der sechzehn Monate auf dem Lande.

Newtons Entdeckung der Infinitesimalrechnung wird oft als seine größte und gleichzeitig letzte rein mathematische Leistung dargestellt. Nach allgemeiner Ansicht umschiffte er den mathematischen Erdball während seiner Studentenjahre und der ersten Monate seines Rückzugs nach Woolsthorpe, danach kam seine Obsession für die Mathematik zum Erliegen. Er wandte seine Aufmerksamkeit anderen Dingen zu. Es ist sehr schwer zu glauben, daß Newton seine Intelligenz so säuberlich aufteilte. Die Zeit, in der er die Infinitesimalrechnung entdeckte, ist auch die Zeit, in der er erstmals daran dachte, wie er viele Jahre später angab, die »Schwerkraft bis zur Bahn des Mondes zu erweitern«. So sehr er leidenschaftlich der reinen Mathematik nachgegangen sein mag, er war doch im Herzen nicht einzig und allein Mathematiker; während seines wunderbaren Jahres war es etwas anderes, das von seiner Vorstellungskraft Besitz ergriffen hatte, irgendeine vermutete, kaum verspürte Verbindung zwischen jenem mathematischen Garten, in dem er mit so viel lässiger Autorität umhergewandert war, und dem riesigen Massiv zusammengetragener Fakten des Himmels und der Erde, das er ebenfalls anrühren und meistern sollte. Wie Einstein, sein geistiger Erbe und der einzige seinesgleichen, sah Newton die Mathematik als ein Hilfsmittel. Indem er über die Infinitesimalrechnung nachdachte, dachte er bereits über die Infinitesimalrechnung *hinaus*, und Planeten in ihrem Lauf und fallende Gegenstände bewegten sich durch die enormen Hallen und Flure seines Geistes. Lassen wir sie laufen und stürzen, diese bleichen Planeten und purzelnden Dinge. Es formt sich gerade etwas heraus.

Die Infinitesimalrechnung findet ihren ersten Halt in einem kartesischen Koordinatensystem. Wie für so viele andere mathematische Gegenstände gibt es für ein Koordinatensystem eine doppelte Auslegung und damit ein doppeltes Leben. Die erste kommt zum Vorschein, wenn seine Achsen einfach mit den numerischen Variablen *x* und *y* bezeichnet werden, die zweite, wenn die eine Achse die Zeit wiedergibt und die andere den Raum. Damit aber werden, in einem einzigen kühnen intellektuellen Wurf, Zeit und Raum ein und demselben Maßsystem mithilfe ein und desselben Zahlensystems unterworfen. In dieser Synthese scheint bereits eine ferne Zukunft auf, in der Zeit und Raum für immer ihre streng unterschiedenen Identitäten verlieren und in einem einzigen mathematischen Medium verschmelzen sollten. Für die Lösung der »Probleme der Bewegung« hatte Newton damit die Wand oder Leinwand bei der Hand, auf die er malen konnte.

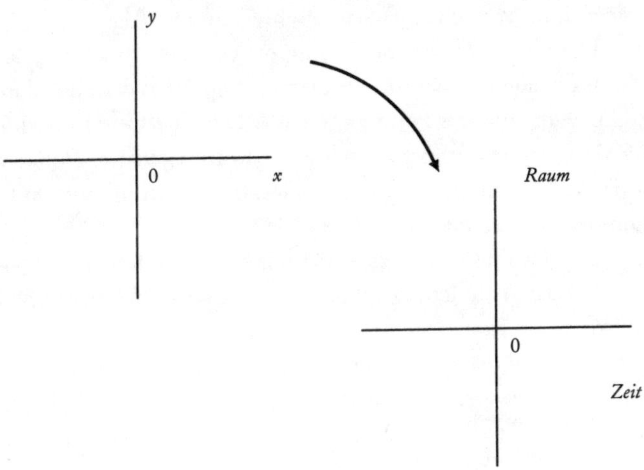

Zwei unterschiedlich ausgezeichnete Koordinatensysteme

Eine gerade Linie ist ein rein geometrisches Gebilde. Wenn sie in einem Winkel von 45 Grad durch den Ursprung (den Nullpunkt) des Koordinatensystems verläuft, steigt sie von Süden her auf und bewegt sich nach Norden, ungreifbar wie der Wind. Geometrisch

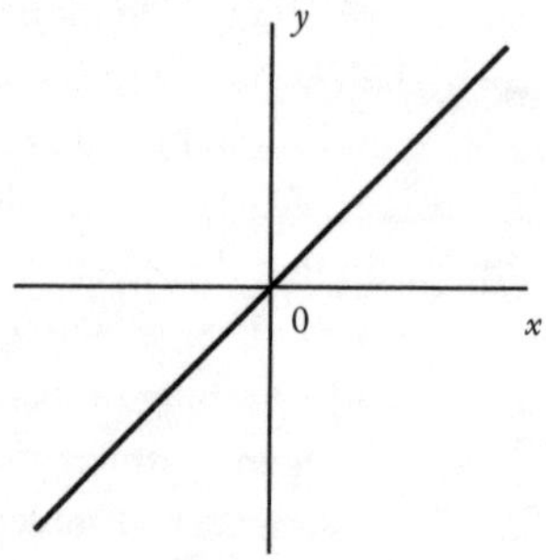

Gerade durch den Ursprung eines Koordinatensystems

läßt sie sich nicht noch einfacher beschreiben. Die Algebra übt ihre Autorität aus und steuert den kunstvoll gefaßten Ausdruck dazu bei. Eine Gerade in einem Koordinatensystem wird definiert durch eine Gleichung mit der Form $y = mx + b$. Die Variable x bezeichnet eine Zahl irgendwo auf der X-Achse, die Konstante b den Punkt, an dem die Gerade die Y-Achse schneidet, und die Konstante m bestimmt den Anstieg oder die *Steigung* der Geraden, ihren Neigungswinkel, der gewöhnlich als das Verhältnis der Veränderung auf einer Achse (Δx) zur Veränderung auf der anderen Achse (Δy) ausgedrückt wird. Wenn die Konstanten mit $b = 0$ und $m = 1$ festgesetzt werden, fügt sich die Gerade den Wünschen ihres Erschaffers, und die Gleichung $y = mx + b$ spezifiziert jetzt unendlich viele Punkte – … (–4;–4), (–3;–3), (–2;–2), (–1;–1), (0;0), (1;1), (2;2), (3;3) … – über die gesamte Erstreckung von Zeit und Raum hinweg.

Was für eine gerade Linie gilt, das wußten die Mathematiker des siebzehnten Jahrhunderts, das galt auch für andere Kurven. Die Parabel, die sich herabsenkt und den Nullpunkt eben berührt, gehorcht einer Gleichung der Form $y = x^2$. Kreise gehorchen dem algebraischen Befehl, und das tun auch Ellipsen. Das alles sind bekannte Beispiele, sie lassen die Schätze nur ahnen, die es darüber hinaus noch gibt, denn die analytische Geometrie stellt Verbindungen her zwischen immer komplizierteren Kurven und immer komplizierteren Gleichungen, und die Verformung des Raums wird von Kettenkurven, schwankenden Schleifen und müden Spiralen übernommen, die alle eine unerwartete innere Stimme in einem Arrangement von Symbolen, Variablen und den Zahlen finden, die sie ausdrücken.

Aus Zeit und Raum ist das riesige Gewölbe der Welt errichtet. Erst innerhalb dieses Gewölbes vollzieht sich Veränderung. Der Nachthimmel wird erhellt vom Licht des Mondes, die großen Bäume schwanken sanft, Vögel rufen, und dann vergeht das opalisierende Licht, wenn die Sonne erscheint. Etwas hat sich verändert, weil einzelne Dinge sich verändert haben. Das ist die vertraute, die *kontinuierliche* Welt. Und es ist die Welt, die Newton mathematisch in einer Reihe von kühnen Korrelationen wiedergab. Bewegung ist Veränderung des Ortes. Etwas war eben noch dort. Jetzt ist es hier. Der Unterschied zwischen hier und dort ist einfach ein gewisses Maß von *Entfernung*. Wenn ein kartesisches Koordinatensystem, ganz allgemein gefaßt, ein Kreuz aus Raum und Zeit ist, dann stehen die Zahlen, die entlang der einen Achse den Raum einteilen, jetzt für zurückgelegte Entfernungen vom festgelegten Ursprung oder Nullpunkt aus. Eine einzige Allzweckfrage – *wie weit?* – löst sich in eine einzige Allzweckzahl auf – *so weit*. Und jetzt erscheint eine Korrelation zwischen Weg und Zeit, *wie weit* gegenüber *wie lange*.

Eine mathematische Gleichung ist ein Mittel, Zahlen an Zahlen zu binden; aber schon die Vorstellung einer Korrelation erlaubt eine allgemeinere (und daher nützlichere) Zuordnung im Sinne einer Funktion. Eine Funktion ist eine kompakte Methode, einen Umwandlungsprozeß auszudrücken, einen Tausch von etwas, das man hineingibt, gegen etwas, das man wiederbekommt. In der Mathematik ist das, was man hineingibt, gewöhnlich eine Zahl, und was man bekommt, ist wieder eine Zahl, und zwischen Geben und Bekommen herrscht eine rein mathematische Operation. So nimmt die Funktion $f(x) = x^2$ eine Zahl und quadriert sie: $f(2) = 4$; $f(3) = 9$; $f(4) = 16$; $f(16) = 256$. Die Funktion $g(x) = x + 1$ dagegen, um ein anderes Beispiel zu nennen, addiert 1 zu jeder gegebenen Zahl hinzu: $g(1) = 2$; $g(9) = 10$; $g(256) = 257$.

Dieses äußerst flexible Mittel erlaubt es dem Mathematiker, zahlenmäßige Beziehungen mithilfe eines vorgängigen Vokabulars von mathematischen Operationen zu beschreiben.

Das scheint vielleicht wenig mit Geometrie zu tun zu haben, aber in der Nachfolge von Descartes lernten die Mathematiker, das plappernde Hin und Her von Zahlen in den Funktionen so zu verteilen, daß das nervöse Geben und Nehmen sich in Form der fließenden Kurven darstellen ließ, die im Raum die Grenzen einer Welt sind. Der Gedanke ist simpel. Betrachtet als ein numerisches Werkzeug, tut eine Funktion nichts anderes, als Zahlen zu anderen Zahlen zu schicken, aber erneut und durch die prismatische Linse des Mathematikers betrachtet, schickt eine Funktion auch Zahlen auf der einen Achse eines Koordinatensystems zu Werten auf der anderen, wobei sie eine lebendige Aufzeichnung ihrer selbst in der Kurve hinterläßt, die sich daraus ergibt. Das ist nicht nur hübsch anzusehen, es ist auch interessant, denn wieder einmal hat der Mathematiker den Raum mithilfe von Zahlen belebt.

Der Mathematiker? Nein, nein. Ein junger Mann von vierundzwanzig. Hochgewachsen, mit einem kantigen, angespannten Gesicht, die Augen in der Anspannung häufig verengt, aber in der Ruhe unschuldsvoll; und wenn er auch kaum ein Muster an physischer Anmut war, da er abgesehen von Spaziergängen keinerlei körperliche Ertüchtigung betrieb, waren seine Hände mit den langen und eleganten Fingern doch überraschend geschickt, durchaus imstande, ein grünes Blatt geschwind abzupellen, bis das feine Aderwerk bloßlag.

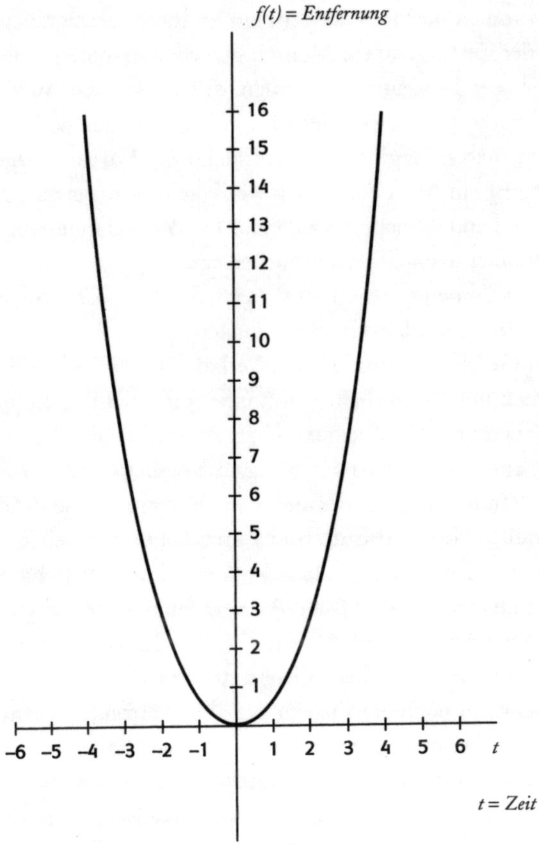

Kurve zur Funktion $f(t) = t^2$

Soweit Mathematik und *nur* Mathematik. Jetzt aber soll sich ein *physisches* Objekt in Bewegung befinden. Ein Kurve, so nahm Newton an, ist die phosphoreszierende Spur, die es dabei im Raum hinterläßt. Diese Annahme gibt einen Anspruch wieder, der an die Welt gestellt wird; sie ist der erste Hinweis auf die Bedeutung des *Buches*, den Newton entdeckte. Was sich nun im Raum bewegt, bewegt sich auch in der Zeit. Wenn ein Mensch sich vorwärtsbewegt, ohne dabei schneller oder langsamer zu werden, drückt sich die Aufzeichnung seiner Ortsveränderung – oder *Verschiebung* – als gerade Linie aus.*

Anders herum ergibt die Verschiebung (Physiker sagen auch Translation) ein Maß der Geschwindigkeit, wenn etwa ein Mann, der pustend und schnaufend auf einer Landstraße unterwegs ist, sieben Kilometer in einer Stunde zurücklegt.

Sieben Kilometer – *Entfernung*; eine Stunde – *Zeit*. Sieben Kilometer *in* einer Stunde – Geschwindigkeit.

Wenn Geschwindigkeit als ein Verhältnis definiert wird, so handelt es sich um ein Verhältnis mit einer offensichtlichen geometrischen Bedeutung. Die Steigung einer geraden Linie ist eine knappe Zusammenfassung der Veränderung entlang der einen Achse gegenüber der Veränderung auf der anderen. Die Achsen, wie sie jetzt festliegen, stellen Zeit und Entfernung kreuzweise gegeneinander. Veränderung der Entfernung in bezug auf die Zeit ist fleischgewordene Geschwindigkeit. Der einfache Apparat eines kartesischen Koordinatensystems hat es möglich gemacht, Geschwindigkeit als mathematische und damit meßbare Größe zu betrachten.

All das kann noch gänzlich in der Welt vertrauter Vorstellungen verbleiben. Aber welche Analyse der Geschwindigkeit bietet sich an, wenn ein Mann sich in Wirklichkeit durch den Raum bewegt, indem er erst langsamer wird und dann wieder schneller, oder erst schneller und dann wieder langsamer? Eine gerade Linie im Raum ist die Aufzeichnung von etwas, das der Physiker gleichförmig geradlinige Bewegung nennt. Im angesprochenen Fall ist das anders.

Eine gerade Linie hält natürlich durchaus Veränderung fest, aber das ist, wie die Abbildung vielleicht schon zeigt, eine Veränderung ohne jede Veränderung. Veränderung, die über eine solche einfache

* Verschiebung ist Ortsveränderung, Entfernung das numerische Maß dafür.

Veränderung hinausgeht, verlangt eine *Kurve*, um auf dem Schirm des Koordinatensystems in Erscheinung treten zu können; erst wenn eine gerade Linie sich krümmt, gewinnt sie die Fähigkeit, eine sich ständig ändernde Beziehung zwischen Zeit und Entfernung abzubilden.

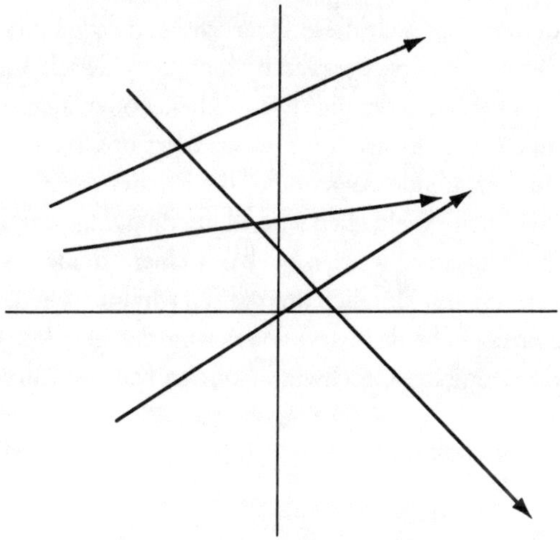

Gleichförmig geradlinige Bewegung

Nun ist eine Kurve im Raum, nicht weniger als eine gerade Linie, ein geometrisches Objekt; und nicht weniger als eine gerade Linie läßt sich eine Kurve nicht in noch einfacheren geometrischen Begriffen fassen. Sie ist, was sie ist, und sie tut, was sie tut.

Es ist die Kunst der Algebra, die wieder einmal Leben in eine geometrische Welt bringen muß. Wenn eine Kurve im Raum die geometrische Spur eines bewegten Objekts ist, dann ist umgekehrt eine Funktion das algebraische Instrument, das eine Veränderung in der Zeit mit einer Ortsveränderung korreliert. So läßt sich unter dem Gesicht einer Kurve das Skelett einer Funktion erkennen, etwa wenn eine Weg- oder Entfernungsfunktion $E(t)$ – nennen wir sie *Entfernungsfunktion* – jeden gegebenen Zeitpunkt mit irgendeiner Veränderung des zurückgelegten Weges verbindet. Wenn $E(t)$ eine spezifische algebraische Form bekommt, etwa $E(t) = t^2$, entrollt sich die Kurve unmittelbar aus ihren Zahlenwerten, wie es in der Abbildung auf Seite 63 gezeigt ist.

Die Forderung, der sich diese Überlegungen soweit verdankten, war die nach einer Analyse der Geschwindigkeit. Gerade Linien sind nützlich in einer Welt, in der nie etwas schneller oder langsamer wird. In Wirklichkeit geht es uns aber, so erinnert uns Newton, dessen dunkle, nichts verratende Augen über die Ränder der Zeit hinstreifen, um die wirkliche Welt, eben jene, in der die Dinge emporschnellen und dann langsamer werden oder mit einem müden Schnaufen vorwärtsschlurfen, um plötzlich dramatisch vorzupreschen. Erstaunlicherweise ermöglicht das karge Werkzeug der geraden Linie die begriffliche Rettung der Geschwindigkeit im Fall von Kurven.

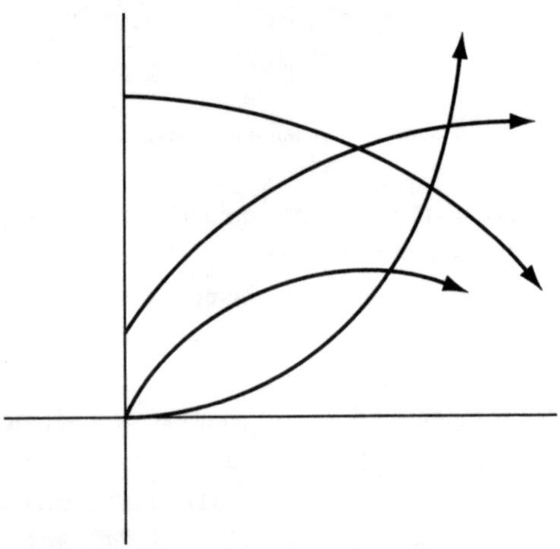

Nichtgleichförmige Bewegung

Lassen wir jene Kurve sich einmal winden, wo sie mag. Der Anstieg einer geraden Linie, die zwei Punkte auf dieser Kurve miteinander verbindet – eine Sehne oder Sekante –, wird dennoch die *Gesamt*veränderung der Entfernung in bezug auf die *Gesamt*veränderung der Zeit wiedergeben. Weil die Sekante eben eine *Gerade* ist, ist ihr Anstieg auch einfach das Verhältnis von zurückgelegter Entfernung zu verstrichener Zeit. Der Begriff der durchschnittlichen Geschwindigkeit kann jetzt in einen mathematischen Ausdruck gefaßt werdenals $\frac{\Delta E}{\Delta t}$.

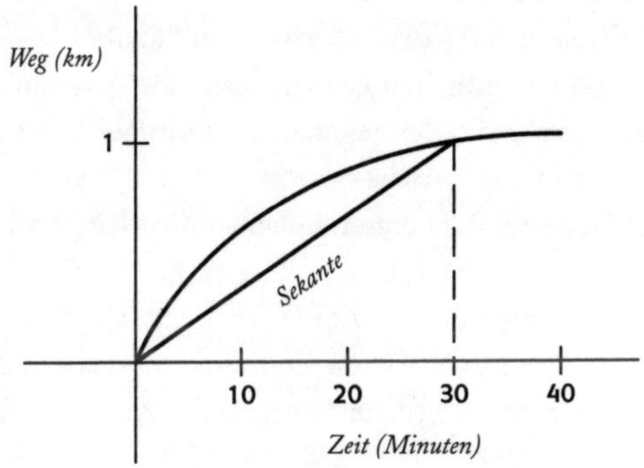

Sekante, die zwei Punkte einer Kurve verbindet*

Durchschnittsgeschwindigkeit ist ein nützlicher Begriff. Tatsächlich ist es der fix und fertige Begriff, den wir alle benutzen, um festzustellen, wie schnell wir uns bewegt haben, wenn wir uns schnell bewegt haben. Aber wie nützlich auch immer, der Begriff ist dennoch un-

* Aufmerksame Leser stellen fest, daß diese Entfernungskurve eine andere Gestalt hat als die der eben erwähnten Entfernungsfunktion, aber kein Grund zur Beunruhigung: Damit soll nur die Darstellung der folgenden Gedanken vereinfacht werden.

vollständig. Ein bewegtes Objekt bewegt sich im Raum, indem es die Wegstrecke vergrößert; es bewegt sich in der Zeit, indem es Dauer verlängert. Und es bewegt sich im Raum und in der Zeit *kontinuierlich*, die Vergrößerung von Wegstrecken und die Verlängerung von Zeit sind nicht in kleinste Teile aufspaltbar. Die Zuordnung von Raum und Zeit findet an jedem einzelnen Punkt der Bahn eines bewegten Objekts statt.

Und daraus folgt – und jetzt klingt eine Forderung auf –, daß, wenn Geschwindigkeit eine physikalische Größe ist, sie auch eine physikalische Größe sein muß, die *zu jedem Zeitpunkt und damit an jedem Punkt des Raumes* definiert sein muß. In seinem *Treatise on the Method of Fluxions and Infinite Series* (»Traktat über die Methode der Fluxionen und Unendlichen Reihen«) drückte Newton diese Forderung als Problem aus: »Bei gegebener, kontinuierlich (das heißt, zu jedem Zeitpunkt) beschriebener räumlicher Länge die Geschwindigkeit der Bewegung zu einem beliebigen verlangten Zeitpunkt zu finden.«

Die Geschwindigkeit zu *einem beliebigen* verlangten Zeitpunkt zu definieren, im Klartext, zu *jedem* Zeitpunkt, und also die Geschwindigkeit als eine kontinuierliche *Funktion* der Zeit zu definieren.

Das Problem, das Newton sich stellte, beinhaltet die Suche nach der Augenblicks- oder *Momentangeschwindigkeit* und damit die Suche nach einer Zahl; im Apparat von Weg, Zeit und Geschwindigkeit drängt sich jedoch nichts, aber auch gar nichts als offensichtlich auf, was die geforderte Zahl zwingend vor das innere Auge führen würde. Die Infinitesimalrechnung bekommt Zeit und Weg weiter in den Griff, indem sie diese Zahl ins Bewußtsein hebt.

Angenommen, wir haben eine Kurve, und diese Kurve zeichnet die kontinuierliche Verschiebung eines bewegten Punktes gegenüber dem Nullpunkt des Koordinatensystems nach. Die Korrelation zwischen Zeit und Weg soll nun von der guten alten Entfernungsfunktion $E(t) = t^2$ beherrscht sein. Zu jedem gegebenen Zeitpunkt bestimmt diese Funktion den Weg, den ein Massepunkt zurückgelegt hat, als das Quadrat der verstrichenen Zeit.* Jetzt halten wir die Zeit in einem bestimmten Augenblick an, *t*, wie in einer Momentaufnahme, und im Blitzlicht dieses Augenblicks enthüllt sich so etwas wie eine seltsame, aber irgendwie überzeugende Antwort auf die Frage nach der Momentangeschwindigkeit, wie bei einer Fotografie, die eine Aura zeigt. *Ein bewegtes Objekt bewegt sich in jedem einzelnen Augenblick so schnell, wie es sich bewegen würde, wenn es sich dort auf einer geraden Linie bewegte.* Die geforderte Linie bildet eine Tangente an die Kurve, sie berührt sie nur in diesem einen Punkt, bevor sie in den freien Raum davonschießt. Und die Antwort empfiehlt sich dem gesunden Menschenverstand, denn eine gerade Linie hat eine meßbare Steigung, und die Steigung einer Geraden ist ein natürliches Maß für Geschwindigkeit.

Eine Tangente an eine Kurve liefert ein Bild als Antwort auf ein Problem, aber ein Bild kann nur das leisten, was ein Bild eben leisten kann, und das, was wir am dringendsten brauchen – eine *Definition* der Momentangeschwindigkeit –, kann es am wenigsten leisten.

Jetzt kommt eine Reihe intellektueller Anweisungen und halb ausgeformter Bilder. Stellen Sie sich eine Ameise vor, die auf dem Rücken einer Kurve zurückkrabbelt, wobei sie alle paar Schritte einen kleinen Halt einlegt; gehen Sie jetzt auf der Kurve zurück, wie die Ameise das tun würde, und wo sie vielleicht anhalten würde, markieren Sie die Stelle. Verbinden Sie diese Stelle mit dem ursprünglich gegebenen

* Die Funktion bestimmt Entfernung, sagt aber nichts über die Richtung. Ein Partikel verläßt den Nullpunkt. In der ersten Stunde legt es zwei Kilometer zurück. Dann kehrt es zum Nullpunkt zurück und durchläuft dieselben zwei Kilometer erneut. Es ist nirgendwo hingegangen, aber es hat einen Weg von vier Kilometern zurückgelegt.

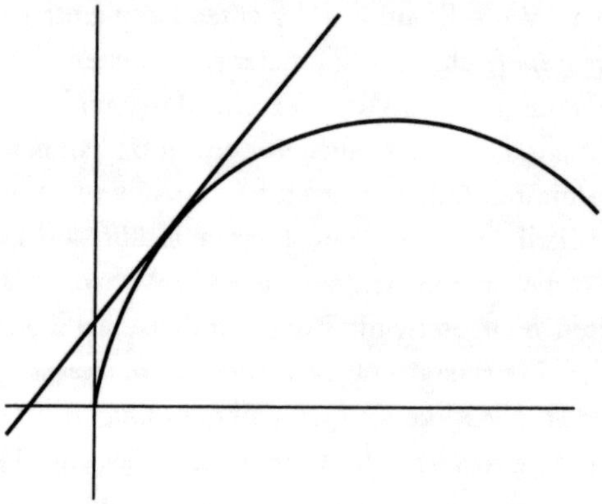

Eine Gerade als Tangente an eine Kurve

Punkt. Fahren Sie damit fort, immer den Schritten der Ameise nach, womit sich jetzt Sekanten ergeben wie die Falten eines Fächers.

Lassen Sie die Sekanten sich immer weiter zur Tangente zurückziehen, immer näher an sie heranrücken, wie die Ameise an sie heranrückt, immer näher, ohne sie jedoch jemals ganz zu erreichen.

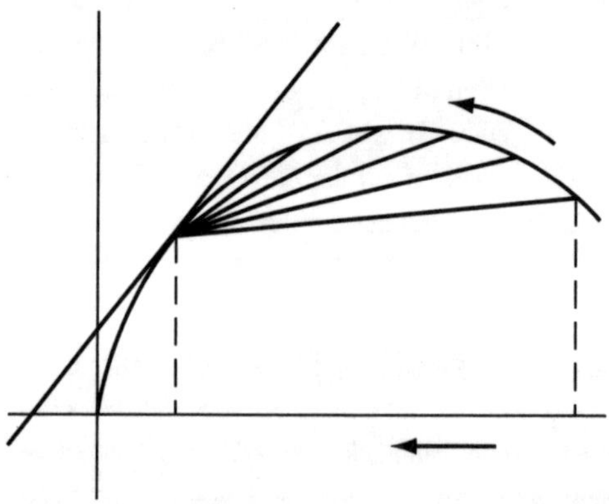

Sekanten werden an eine Tangente zurückgeführt

Jetzt kommen Zahlen. Jede Sekante hat ihre eigene Steigung, jede Steigung ist ein Verhältnis und damit eine *Zahl*. Die Zeit zwischen zwei Punkten wird nun immer weiter gestaucht, und mit dem Kleinerwerden des zeitlichen Intervalls ordnen sich die Steigungswerte der Sekanten zu einer Folge. Als Folge betrachtet haben wir *den Anstieg der ersten Sekante, den Anstieg der zweiten Sekante, und so immer weiter*. Solche Folgen, das wußte Newton, konnten ewig weitergehen, aber dennoch einem bestimmten Grenzwert zu*streben*. Dies war ein Gedanke, den er bereits glänzend genutzt hatte. Und jetzt folgt ein kühner Akt der Entsagung. Wenn diese Reihe einem Grenzwert zustrebt, so soll dieser Grenzwert der Tangente als ihr Anstieg *zugeschrieben* werden.

Eine präzise Definition der Momentangeschwindigkeit fällt jetzt aus der gewöhnlichen Sprache heraus. Die Momentangeschwindigkeit eines bewegten Punktes zu einer gegebenen Zeit ist eben der Grenzwert einer Folge von Durchschnittsgeschwindigkeiten.

Diesen Grenzwert, wenn es ihn gibt, bezeichnen Mathematiker als die Ableitung, $\frac{dE(t)}{dt}$, der Entfernungsfunktion $E(t)$.

Die Beziehung zwischen Momentangeschwindigkeit und dem Grenzwert, durch die sie definiert ist, läßt sich tatsächlich aber ganz umgehen. Denken Sie an einen Massepunkt im Raum, der von der bereits vertrauten Entfernungsfunktion $E(t) = t^2$ bestimmt wird. Nach zwei Stunden hat er vier Kilometer zurückgelegt, nach fünf Stunden 25 Kilometer und nach 100 Stunden 10000 Kilometer. Wie hoch ist seine Geschwindigkeit an *jedem beliebig gewählten* Punkt? Wie sich herausstellt, ist sie $2t$. *Und sie ist immer* $2t$. Wenn drei Stunden vergangen sind, ist seine Momentangeschwindigkeit sechs Kilometer pro Stunde. Gleiches gilt für den Fall, daß sechs Stunden vergangen sind: Seine Momentangeschwindigkeit beträgt dann 12 Kilometer pro Stunde. Und entsprechend verhält es sich zu allen anderen Zeiten.

Das ist eine erstaunliche Verbesserung sowohl an begrifflicher Leichtigkeit als auch für die Berechnung. Es müssen keine Grenzwerte abgefragt werden, weil man keine braucht. Statt dessen springt der Mathematiker vom Kopf einer Kette von Definitionen (Entfernung) gleich an ihr Schwanzende (Geschwindigkeit).

Die Abkürzung, die Newton in diesem Fall erkannte, erkannte er auch in anderen Fällen; unter seinen Händen wurde die Infinitesimalrechnung zu einer Abfolge glänzender Abkürzungen, die überall wie muntere kräftige Bächlein aus dem Boden schossen, Abkürzungen, die für alle elementaren mathematischen Funktionen zur Verfügung stehen (Summen, Differenzen, Potenzen, Quadratwurzeln, polynome Funktionen). Es ist eine der bemerkenswerten Ironien der Geschichte, daß es diese Abkürzungsverfahren waren, die die mathematische Bildung dominierten, so daß verblüffte Schüler und Studenten die Infinitesimalrechnung traditionell als effiziente Methode dazu betrachtet haben, aus dem Nirgendwo zum Nichts zu gelangen. Das war wohl kaum eine Auffassung, zu der Newton geneigt hätte. Er hatte unter anderem ein außerordentliches Gespür dafür, seine Techniken den Begriffen unterzuordnen, denen sie dienten.

Unter anderem.

Die Geschwindigkeit ist aus den Begriffen des Weges (der zurückgelegten Entfernung) und der Zeit *abgeleitet* worden. Indem sie Newtons Forderung erfüllt, die Momentangeschwindigkeit müsse für jeden Zeitpunkt definiert sein, hat sich die Geschwindigkeit als neue kontinuierliche, also *stetige* Funktion ins Gespräch gebracht, eine Korrelation, die zwischen dem Ticken der Zeit und der Ausdehnung des Raumes hergestellt worden ist.

Das ist durchaus bemerkenswert. Der Kunstgriff des Mathematikers hat einer quantitativen Beziehung zur Existenz verholfen. Noch bemerkenswerter ist, daß der Kunstgriff der Definition auf sich selbst angewandt werden kann und dabei das mathematische Skelett eines weiteren bekannten Begriffs enthüllt. Weg geteilt durch Zeit ergibt Geschwindigkeit; aber Geschwindigkeit geteilt durch Zeit ergibt *Beschleunigung*. (Es ist die Beschleunigung, die uns in den Sitz zurückpreßt, wenn ein Düsenflugzeug immer schneller die Rollbahn entlangrast.) Hier herrscht das gleiche liebevoll ausgeschmückte Muster wie eben. Zuerst gibt es den Fächer aus lauter Durchschnittsbeschleunigungen, und dann, wenn die Falten des Fächers zusammenfallen, die Momentan- oder Augenblicksbeschleunigung, ein Maß dafür, wie stark sich die Geschwindigkeit eines Massepunktes zu einem einzelnen festgehaltenen Zeitpunkt gerade ändert. Das Resultat ist die stetige Beschleunigungsfunktion, die letzte in dieser Reihe.

Und wenn ich darauf poche, daß das bemerkenswert ist, dann deshalb, weil Weg, Geschwindigkeit und Beschleunigung die Kernbegriffe sind, die Newton haben mußte, um sein System der Welt zu schaffen.

Die Definition der Ableitung wurde zu ungefähr derselben Zeit von Isaac Newton und von Gottfried Leibniz gefunden, seinem einzigen Rivalen auf dem europäischen Schauplatz – nicht einmal ausgeschlossen, daß er sein einziger Rivale im Lauf der Zeiten überhaupt ist. Beide kannten die Fähigkeiten des anderen, und beide ließen sich überreden, daß diese in der ein oder anderen Hinsicht den eigenen unterlegen waren. Ihr Disput hat alle abschreckenden Merkmale eines Kampfes zwischen großen Landsäugetieren – Elefanten, zum Beispiel. Wenn beide Männer auch die Leitgedanken der Infinitesimalrechnung völlig unabhängig voneinander entdeckten, so waren ihre Entdeckungen doch nicht ganz vergleichbar. Indem Newton sich in einer Sprache von »Fluxionen« und »Fluenten« ausdrückte, schaffte er es, seine Einsichten in einer Schreib- und Ausdruckskonvention zu verbergen, die auf wundersame Weise fehl am Platze war. Nicht so Leibniz. Die Sprache der Mathematik und die Mathematik selbst stützen sich gegenseitig. Indem er den Begriffen der Infinitesimalrechnung Symbole von erstaunlicher Klarheit zuwies, schuf er eine Schreibweise, die sich als dauerhaft erwiesen hat.

Aber lassen wir doch den alten Knaben seine Erfindung selbst erklären. Hier steht er vor Newton, ein feiner Mann von fleischiger Körperbildung mit einer prächtigen Perücke.

Sehr verehrter Herr, bemerkt er, *eine triftige Notation ist eine Hilfe beim rechten Denken.*

Newton schnaubt unwillig.

Die Zeichen $dE(t)/dt$ stehen für die momentane Veränderung in einer stetigen Quantität $E(t)$ in bezug auf die Zeit. Seht Ihr, Mein verehrter Herr, wie glücklich meine Notation in diesem Fall zurückgelegte Entfernung und Zeit zu einem Ausdruck verbindet, der die Geschwindigkeit zu bezeichnen vermag?

Wenn Newton etwas gesehen hat, ist er jedenfalls nicht geneigt, etwas dazu zu sagen.

Beachtet, Mein verehrter Herr, daß in meiner Schreibweise die Beziehung zwischen der Zeit und der Funktion, die die Entfernung anzeigt, überaus klar wird.

Newton hört zu, und seine schwarzen Augen brennen, denn in seinem tiefsten Inneren weiß er genau, daß er eine einzige Begabung nicht besitzt, und das ist die Begabung für elegante Symbolsprache.

Die Definition der Ableitung komplettiert die eine Hälfte einer begrifflichen Struktur. Für die andere Hälfte braucht man das Integral, den ewigen Gegenspieler in diesem besonderen Drama. Mit dem

Mittel der Ableitung kann sich der Mathematiker oder Physiker in Gleichungen ausdrücken, und seine karge Formel $d(t^2)/dt = 2t$ etwa kürzt die ausformulierte Erklärung ab, daß die Ableitung der Entfernungsfunktion $E(t) = t^2$ eben die Funktion $2t$ *ist*. Der symbolische Apparat leistet eigentlich noch mehr, denn er weist auf ein Muster von Bestimmung und Entdeckung hin. Der Austausch zwischen Funktionen, die in dieser Gleichung ihren Platz haben, ist von Anfang an bekannt und festgelegt. Aber einmal angenommen, daß die Identität der Entfernungsfunktion überhaupt nicht bekannt ist und dieses unbekannte Etwas seine Gegenwart lediglich mithilfe seiner Ableitung erkennen läßt, wie etwa in der Gleichung $dx/dt = 2t$. Was an dieser Gleichung fehlt, ist die Identität von x selbst. In diesem Ausdruck liegt kein größeres Geheimnis als zum Beispiel im Ausdruck $5x = 25$, der eine Zahl nur durch den Umstand festlegt, daß sie fünfundzwanzig ergibt, wenn man sie mit fünf multipliziert. Der Unterschied liegt in der Natur von x, das in der letztgenannten Gleichung eine Zahl bezeichnet, in der ersten aber eine Funktion. Gleichungen, in denen eine Funktion durch Hinweise identifiziert wird, die aus ihrer Ableitung stammen, sind als Differentialgleichungen bekannt, und solche Gleichungen aufzustellen, ist in der Praxis schon die halbe Infinitesimalrechnung. Differentialgleichungen sind das höchste, das kanonische Instrument des Physikers und bieten ihm eine flexible Methode, stetige Prozesse unterschiedlichster Art zu beschreiben. Die Lösung solcher Gleichungen geht über bloße Bestimmung hinaus, wenn sie zur Identifizierung dessen führen soll, was in einer Differentialgleichung unbekannt bleibt. Keine einfache Sache. Und dafür muß das Mittel der differentiellen Bestimmung umgekehrt werden, so daß der Mathematiker, statt nach der Ableitung einer gegebenen Funktion zu fragen, die für t^2 den Wert $2t$ ergibt, im Gegenteil nach ihrer *Anti*-Ableitung fragen muß, die t^2 für $2t$ ergibt. Das Theorem, das Austauschoperationen dieser Art klar macht, ist das grundlegende Theorem der Infinitesimalrechnung. Es ist ein Theorem, das Leibniz kannte und das Newton bewiesen hat. Und umgekehrt.*

In der großen Sammlung von Erinnerungsstücken an Newton befindet sich ein bezauberndes Bild des Gutshauses in Woolsthorpe.

Auf einer Fläche von ein oder zwei Morgen ebenen Grundes gelegen, erhebt es sich zwei Stockwerke hoch, mit sanft geneigtem Dach, die gemauerte Scheune unmittelbar an die Flanke des Hauses gebaut. Rauch quillt aus dem Schornstein; und eine Kuh mit einem irgendwie merkwürdig hundeartigen Kopf steht, meditativ in tiefes Wiederkäuen versunken, ein paar Schritte von einem dünnästigen, elegant sich hinneigenden Baum. Aus einer Entfernung von dreihundert Jahren betrachtet, hat das Haus den naiven Zauber des Bildes angenommen, in dem es festgehalten ist, der kindlich ausgeführten Zeichnung, die einen Eindruck von Newtons eigenen Kindheitserinnerungen an das Gutshaus vermittelt. Wie groß Newtons Abneigung gegen das Landleben gewesen sein mochte, und diese Abneigung war beträchtlich, das Haus in Woolsthorpe blieb sein eingewurzelter Lebensmittelpunkt bis in die frühen Mannesjahre. Als er von Cambridge aus dorthin zurückkehrte, kehrte er bereits als Gelehrter zurück, vielversprechend begabt, und damit für immer außerhalb der Reichweite des Pfluges, aber indem er nach Woolsthorpe zurückkehrte, kehrte er auch nach Hause zurück, und zumindest ein Teil seines intellektuellen Glühens muß aus dem einfachen menschlichen Wunsch hergerührt haben, wenigstens sich selbst zu beweisen, daß seine Unbotmäßigkeit ihre eigene Rechtfertigung gewesen war. Was die Mutter von ihrem Sohn hielt und ob sie, wenn sie ihm in die geröteten Augen sah, darin das Wuchern einer unbeherrschbaren intel-

* Die Infinitesimalrechnung ist Thema meines Buches *A Tour of the Calculus* (Vintage, 1987).

lektuellen Leidenschaft erkannte, werden wir niemals wissen. Man kann sich die Tischgespräche vorstellen, wenn das Gutshaus nur noch von Kerzen erhellt war, das Abendlicht vor den schmalen Fenstern verging und Newtons Mutter, die sich nach einer passenderen Gesellschaft sehnt als die ihrer Bediensteten, feststellen muß, daß Newton, den sie wiederholt vergeblich um das Salz gebeten hat, der Konversation ebenso abgeneigt ist wie dem Schafehüten.

Das Salz? Als gäbe es nichts Wichtigeres.

Gut fünfzig Jahre nach dem Jahr in selbstgewählter Isolation rief sich Newton die Größe seiner Leistung ins Gedächtnis zurück. »Zu Beginn des Jahres 1665«, erinnert er sich, »fand ich die Methode konvergierender Reihen und die Regel, jede Dignität [Potenz] eines beliebigen Binoms auf eine solche Reihe zu reduzieren. Im nämlichen

Das Gutshaus*

* Und wo ist jetzt die Kuh? Oder der Rauch, wenn wir schon dabei sind?

Jahr im Mai fand ich die Tangentenmethode von Gregory und Slusis und hatte im November die direkte Methode der Fluxionen und hatte im folgenden Jahr im Januar die Theorie der Farbe und im folgenden Mai hatte ich Zugang zur inversen Methode der Fluxionen.«

Und all das auf dem Land; die Tiere muhen in der Dämmerung, der Wind aus dem Osten riecht nach Meer.

Newton auf dem Gipfel seiner Kräfte

Isaac Newton kehrte im Herbst 1667 nach Cambridge zurück. Jetzt, da er Woolsthorpe abermals verließ, schnitt er endgültig die letzte Verbindung zum Land und einem bäuerlichen Lebensstil ab. Seine Mutter würde er erst wiedersehen, als sie im Sterben lag.

Newtons Karriere in Cambridge sollte siebenundzwanzig Jahre dauern; in seinen mittleren Jahren und im Alter wurde er zu einer schwer zugänglichen und mächtigen Erscheinung im öffentlichen Leben und wohnte in London. Obwohl er nichts weniger war als ein geselliger Mensch, erklomm er doch die akademische Leiter mit bemerkenswerter Leichtigkeit und erlangte erst einen kleineren Lehrauftrag, dann eine sichere Stellung zuoberst im Gefüge der akademischen Politik. Wo immer seine psychologischen Behinderungen lagen, sie hinderten ihn jedenfalls nicht daran, seine überragende Intelligenz zu politischen Zwecken einzusetzen, und wenn es auch oft genug den Anschein hat, daß er sich selbst am ehesten im Wege stand, bleibt die Tatsache, daß er seine größeren Ziele, intellektueller wie beruflicher Art, ausnahmslos erreichte.

Das Feuer, dessen kurzes Auflodern es Newton erlaubte, die Infinitesimalrechnung zu erschaffen, war zu der Zeit, da er nach Cambridge zurückkam, wieder erloschen. Seine mathematischen Fähigkeiten blieben unvergleichlich; es war sein Interesse, das nachließ. Viele Jahre später sollte er schreiben, seine Leidenschaft für die Mathematik habe sich erschöpft, »insoweit ich mir seit langem die Zeit zu derlei Studium nur widerwillig gegönnt habe, es sei denn vielleicht in müßigen Stunden zur gelegentlichen Zerstreuung«. Das war natürlich kein ganz ehrliches Urteil. Die Mathematik ist schwerlich ein Fach, das man aufnimmt und einfach wieder fallen läßt. Die großen Mathematiker werden von diesem Fach ergriffen, und solange ihre Kräfte nicht erlahmen, läßt auch dieser Griff nicht nach. Newton hatte in der Mathematik das gesehen, was sie war – ein ungemein wertvolles Werkzeug, das ihm erlaubte, seinen großen Plan der physikalischen Erkenntnis zu verfolgen; und wenn er auch nach seiner Erfindung der Infinitesimalrechnung keine neuen mathematischen Entdeckungen mehr machte, so verfeinerte er doch sein Verständnis für dies spezielle Handwerkszeug immer weiter, so daß, als er schließlich seine Gedanken in einer einzigen gewaltigen Anstrengung zusammenfügte, aus einer Reihe glänzender Einsichten ein Gewebe wurde, so fein, so flexibel und so fest wie Seide.

Sein Leben in Cambridge war völlig dem Studium und dem Nachdenken gewidmet, und das bis hin zum Verzicht auf Freundschaften, gewöhnliche Zerstreuungen, Erholung jeder Art und sogar jeder Leibesertüchtigung, wie hier mit einem gewissen Vergnügen berichtet werden kann. Kollegen und Studenten gleichermaßen ließen Bemerkungen über seine Gewohnheiten fallen, und ihre Zeugnisse laufen auf das gleiche hinaus. Er wurde verzehrt. Wenn eine bestimmte Richtung der Forschung ihn erschöpfte, suchte er Erholung in einer anderen. Sein Intellekt war nach gewöhnlichen Maßstäben unermüdlich. Hätte er sich (in verschiedenen Experimenten) nicht auch mit den Händen beschäftigt, bemerkte ein Zeitgenosse, so hätte er »sich leicht über dem Studieren umbringen können«.

Merkwürdig genug, waren seine Forschungen durchaus nicht nur wissenschaftlicher Art. Ein Gutteil seiner Zeit ging hin für die

Theologie und die Alchimie. Newton schrieb Texte über alchimistische Themen, die mehr als eine Million Wörter umfassen, führte endlose Experimente in seinem eigenen Labor durch, ging den geheimen Fingerzeigen und gewisperten Andeutungen in uralten Texten nach, mischte Tränke mit eigener Hand, kostete das Ergebnis und vergiftete sich gelegentlich dabei (am wahrscheinlichsten wohl mit Quecksilbertinkturen), all das in dem endlosen Unterfangen, das koordinierende Schema zu finden, das hinter chemischen Affinitäten und Disaffinitäten stecken mußte.

Seine Arbeit führte natürlich zu nichts; er hatte seine Zeit verschwendet. Aber in Aufzeichnungen von seinen alchimistischen Experimenten hinterließ Newton dennoch einen interessanten Niederschlag der für ihn charakteristischen wissenschaftlichen Empfindungsweise. Die alchimistische Literatur war, einer langen Tradition folgend, in einer eleganten, aber unergründlichen metaphorischen Sprache verfaßt (übrigens nicht unähnlich der Sprache, die in der modernen Kosmologie geläufig ist). Wir schreiben Mai 1681. Newtons Nachforschungen hatten eine Höhepunkt erreicht. »Ich verstand«, schrieb er, »daß der Morgenstern Venus ist und daß sie die Tochter des Saturn ist.« Der Ton des Triumphs wiederholt sich. *Ich verstand. Ich habe verstanden. Ich verstehe jetzt wirklich.* Am 18. Mai notiert er, er habe »die ideale Lösung vollendet«. Gott allein weiß, welch übelriechendes Gebräu er erfunden hatte. Was es auch gewesen sein mag, jetzt, und erst jetzt konnte er feststellen: »Der Adler trägt Jupiter empor.« Das hieß, »sublimiertes Quecksilber und Salmiakum philosophicum zerschmettern den Helm [der Destillierblase, *d. Ü.*], und das *menstruum* [›Monatsfluß‹ = Lösungsmittel] trägt alles empor.«*

* In der Beschreibung von Newtons alchimistischen Forschungen folge ich der Darstellung Richard Westfalls in *Never at Rest* (Cambridge, Cambridge University Press, 1993), S. 141 f.

Man ist leicht versucht, sowohl diese Sprache als auch die Geheimexperimente, die in ihr beschrieben werden, als Belege für eine Selbsttäuschung abzutun, als die Bestätigung von Schwachstellen in einer Intelligenz, die in anderen Belangen in ihrer Stärke als unangreifbar gilt. Aber so tröstlich diese Ansicht sein mag, sie ist nicht glaubwürdig. Gewiß stellte die Alchimie eine Sackgasse im physikalischen Denken dar, aber ebenso sicher konnte Newton in ihrem grellflakkernden Licht die gleichen Prinzipien erkennen, von denen er in der mathematischen Physik so glänzend Gebrauch machen sollte.

Im Herzen der alchimistischen Philosophie steht die Lehre von der chemischen Umwandlung. Wenn ein Metall tatsächlich in ein anderes umgewandelt werden kann, dann folgt daraus, daß die jeweiligen physikalischen Eigenschaften beider die unterschiedliche Organisation irgendeiner gemeinsamen Struktur repräsentieren müssen. Das ist wohl kaum eine leichtfertige These. Es trifft sogar den Kern der Atomtheorie der Materie. Die Alchimisten vermuteten nun, durchaus aus vernünftigen Gründen, daß Unterschiede zwischen Metallen nur oberflächliche Varianten ihrer chemischen Struktur darstellten. Darin aber irrten sie. Die gemeinsame Struktur komplexer materieller Objekte liegt auf der Ebene ihrer elementaren Bestandteile. Die Gesetze, die diese letzten Bestandteile der Materie beherrschen, sind aber gar keine chemischen Gesetze mehr.

Wenn die Alchimisten auch ihr gößeres Ziel verfehlten, so hatten sie doch bis zum siebzehnten Jahrhundert einen großen Bestand phänomenologischen Wissens über chemische Verbindungen und ihre unterschiedlichen Eigenschaften zusammengetragen. Die sechs Bände des *Theatrum Chemicum*, die von Lazarus Zetzner 1602 veröffentlicht wurden, waren sicherlich zu Teilen von phantasievoller Willkür, aber zu Teilen auch sehr vernünftig, und sie bewahrten der Nachwelt getreulich Beobachtungen und Experimente, die in gewisser Weise Beobachtungen und Experimente vorwegnahmen, die erst zweihundert Jahre später wieder angestellt wurden.

Was den Achimisten fehlte, war Glück. Sie suchten die Prinzipien, die chemische Affinitäten organisierten, zu erraten, und sie rieten falsch. Die Zukunft gehörte der neuen Wissenschaft der Chemie und letztlich der Quantenphysik. Der große alchimistische Traum von der Transmutation der Elemente sollte erst im zwanzigsten Jahrhundert in Erfüllung gehen, und als er sich erfüllte, zeigte sich, daß er von Anfang an uninteressant gewesen war. Die Umwandlung von Metallen ist zu teuer, um sich zu lohnen.

Wenn Newton Jahre auf die Alchimie verwandte, so verwandte er fast genauso viele Jahre auf theologische Forschungen. Newton war ein tief religiöser Mensch. Er brachte sich selbst Hebräisch bei und las die Bibel neu im Urtext. Wie aus seinen Aufzeichnungen hervorgeht, scheint er mit allen Kirchenvätern vertraut gewesen zu sein, die er auf Latein oder in neutestamentarischem Griechisch las. Das stellte selbst schon eine beträchtliche Leistung in der Gelehrsamkeit des siebzehnten Jahrhunderts dar, und dies um so mehr, als Newton seinen mächtigen Drang nach Ordnung auf eine Reihe von nachlässig und mangelhaft edierten Dokumenten richten konnte. Er las mit wilder, intensiver Entschlossenheit und forschte im Schutt antiker Lehren nach dem dünnen, aber durchgehenden Faden, der den ursprünglichen Augenblick der göttlichen Offenbarung mit den vielfältigen Praktiken und Dogmen der Kirche, wie sie war, verbinden konnte. Er akzeptierte nichts, was er nicht in Originalquellen bestätigt fand. Wenn man das Buch der Natur einfach als Text unter anderen Texten begreift, ist es leicht zu erkennen, daß Newtons religiöse und wissenschaftliche Nachforschungen von demselben Drang und denselben Grundsätzen beherrscht wurden.

Im Laufe der Zeit gab Newton die orthodoxe christliche Lehre zugunsten des Arianismus auf. Das war so aufrichtig gemeint wie verfehlt gedacht, denn in Wahrheit machte gerade Newtons Unabhängigkeit ihn vom Temperament her völlig ungeeignet für eine angemessene Würdigung der fein ausbalancierten Kompromisse, die mehr als anderthalb Jahrtausende lang die Institutionen des christlichen Glaubens geschützt hatten.

Tatsächlich war der Arianismus*, der aus dem vierten Jahrhundert stammt, eine Häresie und nicht nur einfach eine unorthodoxe Anschauungsweise: Er stellte die Mysterien des christlichen Glaubens in Frage und griff sie damit an. Gott, so hatte der Kleriker Arius argumentiert, war unendlich und grenzenlos, seine Existenz lag außerhalb von Zeit und Raum. Wie alle Menschen, so war auch Christus endlich und begrenzt. Daraus folgt, daß Christus an der Göttlichkeit Gottes nicht teilhaben kann. Gewiß, Christus verfügt über größere Kräfte, als Menschen sie besitzen, wenn auch über geringere, als sie Gott zu Gebote stehen; aber diese Kräfte sind ihm in göttlichem Auftrag verliehen. Genau damit aber, so erkannten die Kirchenväter, ließen sich die Schleusen des Polytheismus wieder öffnen; die Drei-

* Arianismus ist eine von mehreren christlichen Irrlehren; jede von ihnen steht für eine weitere Stufe der Entwicklung der christlichen Kirche, in deren Verlauf die Kirchenväter enormes intellektuelles Gespür aufbringen mußten, um zutreffend beurteilen zu können, welche Lehren man gefahrlos links liegen lassen konnte und welche es unbarmherzig zu bannen galt. Die Donatistische Irrlehre beispielsweise drückte die Überzeugung aus, daß die Ämter der Kirche nur von Priestern versehen werdern konnten, die selbst moralisch über jeden Tadel erhaben waren. Die Kirchenväter erhoben Einwand, weil sie richtig erkannten, daß die Kirche – wenn sie denn der allgemeine Fels werden wollte, wie es der Heilige Petrus verlangt hatte – Unreinheit bei ihren Dienern dulden mußte. Das Amt, so erklärten sie mit bemerkenswerter Feinsinnigkeit, ist getrennt von dem Menschen, der es bekleidet. Auch darin hatten sie recht. Die Donatistische Irrlehre sollte noch tausend Jahre weiter schmoren, bis sie während der großen Gregorianischen Reform im elften und dann noch einmal während der Reformationsbewegung im fünfzehnten und sechzehnten Jahrhundert lichterloh aufflammte. Spielarten des Donatismus sind im zeitgenössischen politischen Leben durchaus nichts Unbekanntes; hätte der Donatismus obsiegt, hätte das moderne Gesellschaftswesen niemals entstehen können.

faltigkeit stünde da als die bemühte Vereinigung ganz ungleicher Bestandteile. Schlimmer noch, würde Christus die Teilhabe am Göttlichen verwehrt, so stünde die zentrale Lehre der Erlösung auf dem Spiel. Welchen Sinn hätte die Erlösung eines Menschen durch einen anderen, wie erwählt er auch sein mochte? Bischof Athanasius erklärte den Arianismus in den frühen Jahren des vierten Jahrhunderts zur Ketzerei. Sein Urteil wurde auf dem Konzil zu Nizäa 325 ratifiziert. Im Lichte der langen Geschichte der Christenheit kann wenig Zweifel daran bestehen, daß dieses Urteil gerechtfertigt war.

Newton fühlte sich vom Arianismus teilweise deswegen angezogen, weil er sich zwanghaft dazu getrieben fühlte, jeden Aspekt des geistigen Lebens zu behandeln, als sei ihm das persönliche Joch auferlegt, stets bei den historischen Ursprüngen anzusetzen. Er war auch so eitel, möchte ich vermuten, daß er die Möglichkeit gar nicht erst in Betracht zog, bei seiner enormen Anstrengung könne nicht mehr herauskommen als lediglich eine Ratifizierung seines Glaubens.

Darüber hinaus hatte er als verschlossener Mensch eine natürliche Neigung zum Geheimniskrämerischen, und geheimniskrämerische Menschen glauben gern daran, daß die menschliche Geschichte im wesentlichen die Geschichte einer langen Reihe von Geheimnissen ist. In der Erwartung, Dinge zu sehen, die in der frühen Kirchengeschichte verborgen lagen, fand er sie mit Leichtigkeit und entdeckte in der Irrlehre des Arianismus ein Zeugnis furchtloser Spekulation, das von der Orthodoxie unterminiert und dann vom Sand der Zeit begraben worden war.

Es gibt einen weiteren Grund, der Newton zur Ketzerei veranlaßt haben könnte. Der Arianismus ist eine radikal einfache Lehre. Er entfernt Christus aus dem Mysterium der Dreifaltigkeit und entkleidet so die Dreifaltigkeit ihres Mysteriums. Er stellt Gott außerhalb von Raum und Zeit und macht ihn damit nur zu einer unnahbaren, gänzlich entzogenen Gestalt, die sich jenseits der Welt des Anscheins aus diesem Jenseitigen nur dem Jenseitigen mitteilt. Er zielt auf metaphysisch essentielle Wahrheiten, und er macht keine Kompromisse.

Newton akzeptierte den Arianismus als Glaubenssystem; nachdem er sich vergewissert hatte, daß er den wahren Glauben repräsentierte, wurde er nie mehr schwankend. Es liegt darin eine tiefe und schlagende Ironie. Die Kirchenväter hatten eine düstere, verstörende Zukunft vorausgesehen, und eintausend Jahre, nachdem sie den Arianismus verworfen hatten, schloß sich der Kreis ihrer Ängste in der protestantischen Reformation. Newton wuchs während der großen puritanischen Fieberwelle heran, die um die Mitte des siebzehnten Jahrhunderts über das Leben in England hinwegfegte, und der Puritanismus selbst war eine protestantische Ketzerei. In Arius hatte Newton die Vergangenheit gesehen; in Newton kamen die vorausgeahnten Ängste der Kirchenväter zum Ausdruck.

Zu Beginn des einundzwanzigsten Jahrhunderts ist es uns nahezu unmöglich, die Inbrunst der Überzeugungen nachzuvollziehen, die über die gesamte Geschichte des Abendlandes hinweg mit dem theologischen Glauben verbunden gewesen ist. Der Newton der wissenschaftlichen Mechanik ist unser Zeitgenosse; jener andere Newton ist unseren Sympathien bereits entrückt. Zurückblickend sehen wir nur noch das seltsam anmutende Bild des klügsten Kopfes der neuzeitlichen Epoche, der sich nachts bei blakender Kerzenflamme am geschwärzten Tisch über seine Arbeit beugt, die Schriften der Kirchenväter vor sich aufgehäuft in Handschriften, Wiegendrucken, verstreuten Texten, Fetzen von Pergament, und sich, während Fledermäuse jenseits der Fensterläden lautlos über die Ländereien von Cambridge schwirren, in uralte Kontroversen hineinsteigert, mit wachsender Wut bei der Erkenntnis, daß begraben in Griechisch oder versteckt in Latein Zeichen einer unvordenklichen böswilligen Verschwörung ausfindig zu machen sind – und daß ihm allein die befreiende Wahrheit aufzudecken und ihm allein sie festzuhalten bestimmt ist.

Newton erhielt zunächst ein kleines Deputat in Cambridge und später, nachdem er 1668 den Titel eines Magister Artium erworben hatte, eine unbefristete Sinekure. Ein Leben, wie es gelebt worden ist, ist auf vertrackte Weise verschieden von einem Leben, wie es bezeugt und aufgezeichnet wurde. Nach allem, was wir wissen, könnte Newton in seiner Alchimie und seinen Bibelstudien das glühende Zentrum seiner Leidenschaften gesehen und die Entwicklung der wissenschaftlichen Mechanik als nebenhin zu bewältigende Angelegenheit am abgekühlten äußersten Rande seiner Interessen betrachtet haben. Dennoch ist es die fruchtbare Entzündungsfähigkeit seiner *physikalischen* Phantasie, die wir im nachhinein in sein Leben hineinlesen – womit wir so tun, als sei das, was wir von ihm bekommen haben, genau das, was er zu geben hatte.

Irgendwann im frühen Mannesalter und lange bevor sein Genie allgemein bekannt wurde, erkannte Isaac Newton, daß die Schwerkraft vielleicht »bis zur Bahn des Mondes« ausgedehnt sein könnte. Mit diesen lapidaren Worten begründete er die moderne mathematische Physik, und seine Überlegungen schritten in einer derart zupackenden Art und Weise voran, daß er einen Gegenstand erst dann losließ, wenn der nächste bereits vor ihm lag. Um die Mitte des siebzehnten Jahrhunderts wurde die Tatsache, daß sich die Erde im Raum gemächlich um die eigene Achse drehte, weithin für das gehalten, was sie war – eine Tatsache nämlich, die eine Frage aufwirft. Rotierende Körper erzeugen Kräfte, die unter normalen Bedingungen alle in der unglücklichen Position auf ihrer Oberfläche befindlichen Gegenstände irgendwann von sich wegschleudern.*

* Das ist jetzt etwas locker ausgedrückt, worauf mich Leser mit der Vorerfahrung von ein wenig Physik im Grundstudium zweifelsohne auch gerade aufmerksam machen wollten. Zentrifugal- oder Fliehkräfte sind virtuelle Kräfte, *Gravitationskräfte sind wirkende Kräfte,* und virtuelle Kräfte lassen sich eliminieren, wenn man den Bezugsrahmen verändert, innerhalb dessen sie ange-

Eine Fliege, die auf einem Kreisel landet, wird umgehend in den freien Raum hinauskatapultiert; eine Steinschleuder bringt ein Felstrumm oder einen Kiesel durch die Zentrifugalkraft der Schlinge auf den Weg. Wenn sich das so verhält, warum, bitte schön, bleiben dann lose Gegenstände auf der Oberfläche der Erde – Männer und Frauen, lockere Felsbrocken, Geröll, Tiere, Sand, Wasser, ja sogar die Atmosphäre – mehr oder weniger da, wo sie sich nun einmal befinden?

Das ist eine gute Frage, selbst heute noch, eine Frage, die sogar Physikstudenten, die die Rotation der Erde bereitwillig akzeptieren, am Anfang ihres Studiums selten klar beantworten können. Im frühen siebzehnten Jahrhundert war diese Frage noch ein wirkliches, wenn auch kleineres Hindernis im Flußlauf des physikalischen Denkens.

Tatsächlich *sind* alle losen Gegenstände auf der Oberfläche der Erde deren Zentrifugalkraft ausgesetzt und würden in den Raum davonfliegen – *wenn alles andere vernachlässigt werden könnte.* Aber alles andere kann nicht vernachlässigt werden. Die Kraft, die die Gegenstände in den Raum hinaus zwingt, hat eine Gegenkraft in der Schwerkraft der Erde.

Beim Mond verhält es sich anders. Sollte man zumindest annehmen. Zum einen ist er weit weg, zum anderen sehr groß, wenigstens im Vergleich zu Gegenständen auf der Erde. Und dennoch zieht er seine Bahn um die Erde, folgt einem etwas unregelmäßigen, jedoch ganz vorhersagbaren Kurs, geht auf und geht unter, nimmt zu und nimmt ab, ein Körper, der so vertraut und so tröstlich ist wie das Meer. Daß der Mond weder in die Leere des Raumes davonflog noch auf die Erde herabstürzte, waren Umstände, die im sieb-

nommenermaßen wirken. So verschwinden Zentrifugalkräfte als eigenständige Kräfte vollständig, wenn man zuläßt, daß ihr Bezugssystem selbst rotiert. Newtons ausgereifte Behandlung der Mondbewegung … – aber warum schon so früh im Buch eine Pointe verschenken?

zehnten Jahrhundert als durchaus erklärungsbedürftig gelten durften.

Was sie tatsächlich auch sind. Newton löste das Problem der Mondbewegung zunächst, indem er sich vorstellte, daß der Mond auf seiner Bahn über den Nachthimmel denselben zwei Kräften unterlag, denen auch gewöhnliche irdische Gegenstände ausgesetzt sind, nämlich einer, die nach unten zog, und einer anderen, die eine Bewegung auf einer geraden Linie als Tangente zur Erdoberfläche erzwang.

Das war eine erstaunliche Hypothese, weil sie davon ausging – und zum ersten Mal davon ausging –, daß ein und dasselbe physikalische Schema aussagekräftig genug sein könnte, das Verhalten materieller Objekte im Raum und auf der Oberfläche der Erde *gleichermaßen* zu erklären.

Zwei Kräfte. Der Mond würde, wie jedes andere Objekt, eine Beschleunigung direkt zur Erde hin erfahren, *wenn* sein Verhalten von der Schwerkraft und nichts sonst beeinflußt wäre, und er würde, wie jeder andere Gegenstand, in den freien Raum hinausfliegen, *wenn* sein Verhalten von der Schwerkraft der Erde überhaupt nicht beeinflußt wäre. Beide Kräfte halten in ihrem Zusammenwirken den Mond in seiner Umlaufbahn, indem sie sich mehr oder weniger gegeneinander aufheben.

Zwei *Kräfte*. Jede von ihnen verlangt ihre Umwandlung ins Reich der Zahlen. In der Nähe der Erdoberfläche ist die Schwerebeschleunigung konstant; fallende Körper werden in jeder Sekunde um ungefähr 9,8 Meter pro Sekunde schneller. Das ist bereits der Inhalt des Fallgesetzes von Galilei. Die Fliehkraft, die Körper vom Zentrum der Erde wegtreibt, berechnete Newton mithilfe der Differentialrechnung und der Mechanik der Kreisbewegung.

Zwei Zahlen stehen jetzt zur Verfügung; die erste bemißt die Beschleunigung gewöhnlicher Körper in Richtung des Erdmittelpunktes, die andere ihre »Neigung, sich von ihrem Mittelpunkt zu entfernen«. Das Verhältnis beider Zahlen zueinander war ungefähr 350 zu 1, wie Newton feststellte. Schwerkräfte sind stärker als Fliehkräfte. Gegenstände an der Erdoberfläche bleiben, wo sie sind, weil das unter der Voraussetzung der Schwerkraft genau der Ort ist, an dem sie bleiben müssen.

Jetzt dehnt Newton die Untersuchung auf den Mond aus. Die Analyse der kreisförmigen Bewegung legte ihm nahe, was sie auch jedem anderen im siebzehnten Jahrhundert nahelegte, nämlich daß, wenn zwei Körper einen gemeinsamen Schwerpunkt umkreisen, die Kräfte, die sie nach außen ziehen, mit den Kräften, die sie zu ihrem gemeinsamen Schwerpunkt hinziehen, zueinander im Gleichgewicht stehen müssen. Newton bestimmte zunächst die Zentrifugalkräfte, die auf den Mond wirkten, indem er lediglich die Differentialrechnung und seine eigene Analyse von Drehkräften benutzte. Dann setzte er Keplers drittes Gesetz in die Formel für die Kreisbewegung ein. Und diese Analyse deutete darauf hin, daß die auf den Mond wirkenden Fliehkräfte umgekehrt proportional zum Quadrat seiner Entfernung vom Mittelpunkt der Bewegung waren.

Nun folgt eine außerordentliche Schlußfolgerung, mit der Newton schrittweise seinen Weg in die Zukunft ertastet. Er hatte die Kräfte bestimmt, und zwar quantitativ bestimmt, die den Mond von der Erde fortdrängen. Er brauchte eine Gegenkraft.

Falls die Schwerkraft sich nun *ebenfalls* mit dem Quadrat der Entfernung zwischen Körpern veränderte, dann wären die zwei Kräfte, die den Lauf des Mondes bestimmten, im Einklang und der Mond würde ungestört über den Himmel ziehen, weil seine Neigung, sich von der Erde zu entfernen, von der Neigung aufgewogen würde, sich ihrem Zentrum zu nähern. Newton kannte die Größe der Schwerkraft an der Oberfläche der Erde; er kannte auch die Entfernung zwischen Erde und Mond. Damit war er in der Lage, die zentrifugalen und Schwerkräfte, die auf den Mond einwirkten, in quantitativer Hinsicht miteinander zu vergleichen. Bei der Auswertung seiner Berechnungen hielt er fest, daß sie »einigermaßen gut übereinstimmten«.*

Den Details darf man jetzt gestatten, sich mit Anstand zurückzuziehen. Newton hatte zwei Berechnungen abgeschlossen, die zwei Fragen beantworteten. Die erste ergab, daß Objekte an der Erdoberfläche dort verharren, weil sie gezwungen werden zu bleiben, wo sie sind, und die zweite, daß die Kräfte, die die Bahn des Mondes bestimmen, ungefähr gleichgewichtig sind. Irgendwann in den sechziger Jahren des siebzehnten Jahrhunderts wußte Newton, und wußte es auch quantitativ anzugeben, welche Kräfte den Mond nach unten zur Erde zogen, und er wußte ebenfalls, und wußte auch das quantitativ anzugeben, welche Kräfte den Mond auf einer geraden Linie nach außen trieben. Er war nicht in der Lage, seine Theorie exakt zu verifizieren, da der Schutt der Einzelheiten sperrig im Wege lag; er hatte dennoch die erste tiefgreifende Analyse der mathematischen Physik durchgeführt.

Er war zu einem Verständnis der Bewegungen des Mondes gelangt, eines Mondes, der ewig zu entweichen suchte und ewig festgehalten wurde.

Newtons Entdeckung, daß die Schwerkraft sich »bis zur Bahn des Mondes ausdehnen ließ«, war ein Endpunkt wie auch ein Anfang. Mit der Einführung der Gravitation als einer Kraft, die sich auf den Mond ebenso wie auf Gegenstände auf der Erde erstreckte, hatte

* Siehe ausführlich dazu Kapitel 10. Tatsächlich gingen Newtons Berechnungen nicht ganz auf. Der Mond ist rund 60 Erdradien von der Erde entfernt. Das Verhältnis von auf der Erde wirksamer zu auf den Mond wirkender Gravitation sollte 3600 zu 1 sein. Newton fand ein Verhältnis von 4000 zu 1. Das Problem war der Fehlerhaftigkeit verschiedener Maßeinheiten geschuldet. So etwas kommt vor. Häufig.

Newton alle Aussichten auf eine rein mechanistische Naturphilosophie zerstört. Diese mechanistische Philosophie war weitgehend die Erfindung von René Descartes; sie beeinflußte das Denken des siebzehnten Jahrhunderts in aller Breite und Tiefe. Die mechanistische Weltanschauung ist eine Philosophie, die auf sehr einfachen, selbstverständlichen Prinzipien aufgebaut ist. Die materielle Welt besteht aus materiellen Körpern. Diese haben Ausdehnung und Dauer. Bewegung geht in der materiellen Welt vermittels Berührungskräften vonstatten, ein Körper wirkt auf den anderen, wie eine Billardkugel, die eine andere Billardkugel anstößt. Daraus folgt, zumindest glaubte das Descartes, daß es so etwas wie einen leeren Raum nicht geben konnte. Gäbe es ihn, so könnten räumlich voneinander getrennte materielle Körper einander nicht beeinflussen. Das tun sie aber offensichtlich. Anstelle des leeren Raums, mutmaßte Descartes, gab es Wirbel oder Einflußlinien, die Kräfte von einem Ort auf den anderen übertrugen. Genauso wie ein sich drehender Rotor, der in lockeren Sand gesteckt wird, alles wild durch die Gegend spritzen läßt, so wird ein rotierender Planet Wirbel in dem materiellen Element erzeugen, in das er eingebettet ist; diese Wirbel sind dann in der Lage, andere materielle Körper über den Druck zu beeinflussen, den sie ausüben. Weit davon entfernt, eine fremdartige Kraft zu sein, ist die Gravitation nicht mehr als eine Form von Druck. Es gibt materielle Körper im Universum. Es gibt nur materielle Körper. Und sonst gibt es nichts.

Das ist gewiß ein plausibles System; es entspricht in hohem Maße der Intuition. Descartes verstand sehr gut, daß Kräfte, wenn denn die Analyse von Veränderung lokal sein muß (eine Auffassung, die vom Infinitesimalkalkül bestärkt wird), dann ebenfalls lokal wirksam sein müssen. Mit der Entwicklung des Feldbegriffs hat die moderne Physik so etwas wie das kartesische System wieder auferstehen lassen. Es ist nicht schwer zu verstehen, warum. Was ist denn eigentlich die Alternative zu der Vorstellung, daß die Naturkräfte vermittels materieller Körper übertragen werden? Nichts anderes als die Vorstellung, daß Kräfte auf Distanz über ein dazwischentretendes Medium von rein gar nichts wirken. Das aber ist der Kernpunkt aller magischen Praktiken, und wenn die Magie auch den Reiz hat, die Geheimnisse der Natur zu beschwören, so schreckt doch tief im gesunden Menschenverstand etwas vor dem Gedanken zurück, ein materieller Gegenstand ließe sich durch eine Kraft beeinflussen, die nicht von einem anderen materiellen Gegenstand übertragen worden ist. Wenn man Kräften erlaubt, aus der Ferne zu wirken, welcher Sinn liegt dann überhaupt noch in dem bloßen Vorhaben einer *mechanischen* Erklärung?

Dennoch war es gerade der Begriff der Fernwirkung, der Newtons Vorstellungskraft zunächst reizte und dann gefangennahm. Sein intellektueller Wagemut kann gar nicht überschätzt werden. Der Mond ist sehr weit von der Erde entfernt. Indem er die Gravitationswirkung sich bis zu seiner Bahn ausdehnen ließ, füllte er den Raum mit Geheimnis. Newton wußte, daß er sich einer Absurdität verschrieb. Er hielt dennoch daran fest. Es war ein besonderer Aspekt seines Genies, daß er fähig war, die Lösungen, die ihm zugänglich waren, auch sicher zu greifen, die Probleme aber, die stehenblieben, zu verschieben – manchmal für Jahrhunderte.

In dieser Gedankenfolge klingen keine eigenen Worte Newtons wider; ich habe für ihn gesprochen. Viel später in seinem Leben verstand er schließlich den tiefgründigen Charakter seiner Überlegungen als junger Mann. Was er damals nach Cambridge mit zurückbrachte, war lediglich eine Idee. Die Gravitation war eine Kraft, die sich möglicherweise bis zum Mond auswirkte; sie war überdies gar keine Berührungskraft, sondern eine ungreifbare Präsenz im Universum, deren Natur verborgen war, deren Form sich aber in Symbolen enthüllte.

Newton kehrte nach Cambridge zurück, nachdem er sich selbst seine Genialität bewiesen hatte. Wäre er ganz so gewesen, wie sein Mythos ihn uns beschreibt, so hätte er leicht ein Edelstein bleiben können, dessen Glanz nur vom tiefsten Meeresboden aus aufschimmert. Er nutzte die Eigenheiten seiner Persönlichkeit höchst wirkungsvoll. Im Jahre 1667 hatte er seine Überlegungen zu den unendlichen Reihen in einem langen Manuskript zusammengetragen – *On the Analysis of Infinite Series*. Es enthielt keine vollständige Darstellung seiner Infinitesimalrechnung, zeigte aber eine wahrhaft wunderbare Beherrschung der unendlichen Reihen. Wäre es bekannt geworden, es hätte Newton einen Namen gemacht. Das Manuskript gelangte in die Hände von John Collins, eines Mannes, der ein begeisterter Liebhaber der Mathematik und ein von Natur aus großzügiger Mensch war. Collins sorgte von sich aus dafür, daß das Manuskript von Männern gelesen wurde, die es zu würdigen wußten. Die genauen Details dieser Vorgänge sind verlorengegangen, aber als er ganz sicher war, daß die Erwähnung des Manuskripts die gewünschte Wirkung haben würde, sah Newton, der intuitiv erfaßte, daß ein Flüstern häufig wirkungsvoller ist als lautes Geschrei, von einer Publikation ab.

Als sich einige Zeit später Isaac Barrows, der Newton einmal in Mathematik unterrichtet hatte, zum Verzicht auf den Lukasischen Lehrstuhl in Cambridge entschloß, um theologischen Studien nachgehen zu können, begriff er, daß es an der Universität nur einen einzigen gab, der seine Nachfolge antreten könnte. So kam es, daß Newton im siebenundzwanzigsten Lebensjahr zum Professor für Mathematik an der Universität Cambridge berufen wurde. Er konnte tun, was er für richtig hielt, und nach Belieben denken, wie er nun einmal dachte.

Die Tage kommen und gehen, dann die Wochen und die Jahre, das flache, schwächliche englische Tageslicht zerbricht die Nacht, Vögel in den Bäumen, das Land verströmt, noch mitten in Cambridge, seinen Frühmorgenduft in den Straßen und den Gartenanlagen der Universität. Newton steht um sechs Uhr auf, verstrubbelt, benetzt Fingerspitzen und Handgelenke mit Wasser aus einer Schüssel und begibt sich, nachdem er am Fenster kurz innegehalten hat, um einen Blick auf den anbrechenden Tag zu werfen, unverzüglich an sein geschwärztes Pult, wo er ohne Unterbrechung einen Gedanken weiter verfolgt, den er schon am Abend zuvor verfolgt hat und den seine klare, säuberliche Handschrift zu Papier bringt; die letzten Spuren des Schlafs sind gänzlich verflogen, sein Geist ist befreit, bei der Sache, beweglich, in ruhiger Unrast. Sein Zimmergenosse, John Wickham, betritt den Raum und nickt ihm zu. Die beiden Männer haben wenig Bedürfnis zu plaudern. Newton erhebt sich und holt seinen Talar, und gemeinsam, düster wie zwei Schatten, steigen sie die Stufen des engen Treppenhauses hinunter und treten aus ihrem Quartier hinaus ins Morgenlicht. Tee und grobes Brot oder irgendein fürchterlicher englischer Haferbrei zum Frühstück. Ein langsamer, gemessener, meditativer Spaziergang zurück zu den eigenen Räumen, während die Sonne jetzt in den östlichen Himmel hinaufsteigt und Newton an der Stelle anhält, an der er im Kies noch genau die Diagramme sehen kann, die er Wochen zuvor dort eingezeichnet hat und die respektvoll unzerstört gelassen worden sind von Fakultätsmitgliedern, die bereits eine Ahnung davon haben, daß Newtons Diagramme Zeugnis eines Genies waren, das sie nicht ausloten konnten und nicht zu stören wünschten.

Schlachtfeld der Bitternis

Irgendwann in den siebziger Jahren des siebzehnten Jahrhunderts muß der Inhaber des Lukasischen Lehrstuhls für Mathematik den Hörsaal im Trinity College betreten, seine Notizen auf dem Pult abgelegt und, mit dem stillen und ergebenen Seufzer, den alle Lehrenden seufzen, sein Publikum sich hinlümmelnder Studenten angesprochen haben. Soweit man weiß, war er ein unbeteiligter Redner, der ins Leere blickte, während er sprach, und es zuließ, daß zwischen seinen Sätzen lange Pausen entstanden. Sein angekündigtes Thema war die Optik. Er hatte revolutionäre Gedanken zu verkünden, und er verkündete sie in völlig gleichgültiger Weise. Als einziger der Naturphilosophen des siebzehnten Jahrhunderts glaubte er, daß weißes Licht zusammengesetzt und nicht rein war, und er hatte eine glänzende Folge von Experimenten mit Prismen durchgeführt, die die Zerlegung weißen Lichts in ein Spektrum von Farben belegten. Danach hatte er gezeigt, daß eine Linse diese Farben wieder zu einem Strom weißen Lichts vereinigen konnte. Er ging noch weiter. Indem er einen kleinen Spalt in ein Holzbrett schnitt, gelang es ihm, die abgetrennten Strahlen von rotem wie auch von blauem Licht durch ein zweites Prisma zu leiten. Die Strahlen blieben dabei unverändert, schlagender Beweis dafür, daß diese Farben nicht weiter zerlegbar waren. Physiker in Europa hielten dem mit enervierender Selbstgewißheit entgegen, daß Grundfarben aus einer Mischung von weißem Licht mit Schwarz bestünden, und der Brustton ihrer Überzeugung war deshalb so enervierend, weil sie keine Experimente durchgeführt hatten, um ihre Behauptung zu stützen; und von irgendwo her aus Belgien hatte eine Gruppe von Jesuiten geschrieben und sich beklagt, sie hätten Newtons Experimente durchgeführt, allerdings: Sie hätten seine Ergebnisse nicht erzielen können. Neben eigenen Ansichten über die Farbe hatte Newton auch eine neuartige Theorie zur Natur des Lichts vorgebracht, die besagte, daß es sich dabei dem Wesen nach um einen Strom von Teilchen oder Korpuskeln handelte, die sich geradlinig durch den Raum bewegten. Im Hörsaal schenkte ihm niemand besonders interessiertes Gehör, und niemand schien zu verstehen, was er da gerade sagte oder sagen wollte. Die Stunde schlug, die Studenten verzogen sich. Danach hielt es kaum jemand für nötig, den verbleibenden Vorlesungen zu folgen. Viel später, als Newton zu den Unsterblichen gehörte, erinnerte sich der eine oder andere seiner Studenten daran, ihn einmal reden gehört zu haben.

Die sechziger Jahre des siebzehnten Jahrhunderts waren eine Zeit, in der die wechselnden Strömungen des wissenschaftlichen Lebens Europas zunächst Newtons Füße umspülten und ihn dann, mit wachsender Kraft, aus der Mitte seiner Isolation und seiner einsamen Beschäftigungen herauszuziehen begannen. Die Kunde von seinen geistigen Fähigkeiten hatte sich nach und nach herumgesprochen. Hätte er ganz seinen eigenen Vorstellungen folgen können, so hätte er gut seine gesamte Zeit mit alchimistischen und biblischen Studien hinbringen können. In gewissem Sinne waren diese Themen wohl der natürlichste Ausdruck seiner Persönlichkeit (geheimniskrämerisch) und seines Temperaments (mißtrauisch). Um Gerechtigkeit gegenüber seinen menschlichen Schwächen walten zu lassen: Alchimie und Bibelstudien waren auch zweifellos Gegenstände, die leichter zu meistern waren als die mathematische Physik, und wenn auch schon allein deshalb, weil die Welt, die Newton brauchte, um sich einen Reim auf Planeten, Massepunkte und Kräfte zu machen, sehr weitgehend eine Welt war, die er erst einmal erfinden mußte.

Newtons richtiger Eintritt in das intellektuelle Leben Englands fand 1670 statt, als er ein kleines, aber starkes Spiegelteleskop entwarf und dann baute. Das Prinzip des Spiegelteleskops war schon seit gut hundert Jahren allgemein bekannt. Das Licht tritt an einem Ende ein und wird dann von einer konvexen Spiegeloberfläche zum anderen umgelenkt. Der Spiegel leistet die Vergrößerung des Bildes. Das Ergebnis ist frei von den Farbverzerrungen, die (lichtbrechende) Refraktorteleskope beeinträchtigen. Die größte praktische Schwierigkeit beim Spiegelteleskop besteht darin, daß ein Beobachter, der das Bild des Vergrößerungsspiegels betrachten will, in das Rohr des Teleskops hineinblicken muß und dabei den einfallenden Lichtstrahlen in die Quere kommt.

Newton löste dieses Problem, indem er zwei Spiegel in stumpfen Winkeln zum Lichtweg anbrachte. Der erste lenkte das Bild auf den zweiten und von da aus zum Betrachter. Es war eine einfallsreiche und fein ausgedachte Erfindung.

Mit unschuldigem Stolz auf seine Leistung präsentierte Newton sein Teleskop der Royal Society in London. Damals waren sich die Mitglieder dieser gelehrten Gesellschaft wohl zumeist noch unschlüssig über deren Zweck; sie traten zusammen, um seltsame Vorträge zu hören, bei denen verschiedene biologische Kuriositäten vorgestellt wurden, was für einige Aufregung sorgte, aber kaum bleibende Wirkung hinterließ. Dennoch war die Royal Society ein Sammelplatz für einflußreiche englische Wissenschaftler, und wenn sie das bereits erworbene Prestige noch nicht recht in Leistungen umsetzen konnte, so war sie doch eine Institution, die den Neid derer erweckte, die nicht zu ihr zugelassen wurden. Newtons kleines Teleskop rief eine

Sensation hervor. Es war handlich, elegant, in wunderbarer Handarbeit ausgeführt und effektiv, mit einer Auflösung, die mit der von Instrumenten seiner mehrfachen Größe vergleichbar war. Es war vollkommen frei von chromatischen Aberrationen. Newton wurde unverzüglich zum Mitglied der Royal Society ernannt.

Wenn eine solche Mitgliedschaft Anlaß zum Stolz war, wie sie es sicherlich war, so war sie auch sicher eine Quelle für Ängste. Einmal sichtbar geworden, wurde Newton jetzt auch verwundbar; nachdem er Verbündete gewonnen hatte, fand er jetzt auch Gegner. Die Royal Society setzte sich aus brillanten Köpfen und ehrgeizigen Männern zusammen, die sich genau an dem Punkt zusammengefunden hatten, an dem die Strömungen der europäischen Wissenschaft Tempo aufnahmen und Kraft entwickelten. Es war ein Punkt, den jeder spüren konnte, und was jeder spüren konnte, das wollte auch jeder haben. Sein Ruf war Newton vorausgeeilt. Einige Mitglieder der Royal Society glaubten, er passe, wie sein Schatten, sehr wohl zu seiner wirklichen Statur, andere glaubten, er sei einfach ganz und gar zu groß.

Fast sofort geriet Newton mit Robert Hooke überkreuz. Nachdem sein Teleskop nun schon gefeiert worden war, unternahm Newton 1672 den ungewöhnlichen Schritt, Mitgliedern der Royal Society einige Aspekte seiner Farbentheorie zugänglich zu machen. Eine Theorie und ein Teleskop sind Zielscheiben ganz unterschiedlicher Art. An einem Gerät, das funktioniert, läßt sich schwerlich Widerspruch anmelden. Hooke glaubte nun allerdings, daß er das Problem der chromatischen Aberration in einem Mikroskop gelöst habe, aber ein Mikroskop ist kein Teleskop, und wovon auch immer er überzeugt war, er konnte weder das in Frage stehende Mikroskop noch sein versprochenes Teleskop vorführen. Newtons Farbentheorie stand auf einem anderen Blatt. Hooke hatte sich seit langem in der Rolle eines Meisters der Optik gesehen; er begutachtete Newtons Arbeit aus dem subtil herablassenden Verständnis heraus, jemanden milde tadeln zu müssen, der ihm intellektuell nicht gewachsen war; Newtons Neuerungen, so argumentierte er souverän, habe er bereits kommen sehen, und was an Newtons Theorie unzureichend war, habe er selbst bereits verworfen.

Es gelang Newton zunächst, seinen Unwillen im Zaum zu halten. In einem Schreiben an Henry Oldenburg, den Schriftführer der Royal Society, brachte er lediglich zum Ausdruck, daß er »nach reiflichem Bedenken der Bemerkungen Mr. Hookes zu meiner Abhandlung« froh sei, »daß ein so scharfsinniger Gegenredner nichts vorbringen konnte, das auch nur einen Teil davon entkräften könnte«. Es dauerte nur Monate, dann hatte die Wut das Kommando über seine Feder übernommen. Was immer Hooke zur Optik zu sagen hatte, war nicht nur »unzulänglich, sondern in mancherlei Hinsicht nicht nachvollziehbar«. Studenten der Rhetorik können hier einwerfen, daß diese Worte den Standard für gelehrte Rüpeleien gesetzt haben.

Hooke stand wohl kaum allein, wenn er Newtons Theorie des Lichts als bizarr und schwierig empfand. Der französische Jesuit Gaston Pardies sandte einen Brief an Newton, in dem er eine Reihe von sachdienlichen und intelligenten Kritikpunkten äußerte. Über diese hinaus sprach Pardies aber auch ein größeres Problem an, und zwar ein philosophisches. In der Darstellung seiner Ansichten, so deutete Pardies an, war Newton weit über die Beobachtung hinausgegangen; was er hatte, war bestenfalls eine »sehr gut ausgedachte Hypothese«. Dasselbe Argument hatte Hooke benutzt, und mit nahezu denselben Worten. Und Newton fühlte sich veranlaßt, darauf zu antworten.

Hypothese? Aber keineswegs.

»... Die beste und sicherste Methode des Philosophierens scheint zu sein, zuförderst mit gewissenhaftem Fleiß die Eigenschaften der Dinge zu erforschen und diese Eigenschaften auf dem Wege der Erfahrung festzustellen, und dann langsamer vermittels Hypothesen weiter voranzuschreiten, um dieselben zu erklären. Denn Hypothesen sollten lediglich benutzt werden, um die Eigenschaften der Dinge zu erklären, nicht aber aufgestellt werden, um diese zu bestimmen; es sei denn insoweit sie geeignet sind, Experimente zu liefern. Denn wenn die Möglichkeit von Hypothesen der Prüfstein der Wahrheit und Wirklichkeit der Dinge sein sollte, so wüßte ich nicht, wie man überhaupt Gewißheit in irgendeiner Wissenschaft erlangen könnte, da sich zahlreiche Hypothesen erdenken lassen, die dann neu auftretende Schwierigkeiten zu überwinden scheinen.«

Das ist ein überaus vielsagender Abschnitt, einer, der eine einwandfreie Auffassung von Wissenschaft dialektisch ihrer Negation gegenüberstellt. Wenn man das Buch der Natur erforschen will, muß man zunächst hinsehen, dann Versuche durchführen und dann, und erst dann, Hypothesen oder Erklärungsmodelle benutzen. Gut und schön. Das sind die Regeln des naiven Empirismus, die mittlerweile in sämtlichen Lehrbüchern stehen.

Aber, wie nicht anders zu erwarten, diese Regeln sind recht wenig aufschlußreich. Gibt es überhaupt »Eigenschaften der Dinge«, die sich ganz ohne Hypothesen ermitteln ließen? Falls ja, welche wären das? Eine Rose ist rot. Das sieht vielleicht so aus, als stellte die Rose einfach eine ihrer Eigenschaften zur Schau, unter souveräner Hinwegsetzung über jegliche Theorie. Aber wenn das Rotsein eine Eigenschaft der Rose ist, dann ist das Urteil, die Rose sei rot, Ausdruck einer engmaschigen intellektuellen Struktur, und zwar einer ganz und gar hypothetischen. *Rot* – wie in gefärbt; *rot* – wie in blutähnlich; *rot* – wie leicht von blau zu unterscheiden; *rot* – wie ziemlich nah an violett. Diese Urteile geben unterschiedliche Akte der Assimilation und des Kontrastes wieder. Ohne sie wäre die Beobachtung, die Rose sei rot, gänzlich leer. Auch die Unterscheidung zwischen der »Erklärung« von dinglichen Eigenschaften und ihrer »Bestimmung« ist zwar intuitiv nachvollziehbar, aber unverständlich. Ich habe den Verdacht, daß Newton das sehr wohl verstand und sich einfach entschloß, Ansichten zurückzuhalten, die Kontroversen hervorrufen würden, ohne Sicherheit zu geben.

Newtons Disput mit Hooke schwelte fast das ganze Jahrzehnt über, wobei Hookes kritische Einwendungen in Newtons Augen immer mehr eine stellvertretende Rolle für die Quengeleien eines ganzen Kreises von Kritikern annahmen. Die beiden Männer tauschten Briefe aus; jeder von ihnen beschwerte sich bei Freunden über den anderen, Hooke wortreich und gereizt, Newton distanziert und vorwurfsvoll. Im Jahr 1675 sandte Newton Hooke einen beschwichtigenden, aber durchtriebenen Brief, der mit der berühmten Formel schloß, »wenn ich weiter in die Ferne geblickt habe, dann nur, weil ich auf den Schultern von Riesen stand«. Historiker haben angenommen, daß die Schmeichelei eine böswillige Anspielung auf Hookes Statur war. Die Redefigur stammte jedenfalls nicht von Newton; sie war im europäischen Denken seit dem zwölften Jahrhundert geläufig. Aber was immer Newtons Absichten gewesen sein mochten, der Brief war kaum dazu angetan, Hooke zu besänftigen, der tatsächlich ein wenig kurz geraten war, und keiner von beiden vermochte mit dem anderen später anders umzugehen als im Geiste der Bitternis.

Die Geschichte hat es mit Hooke nicht gut gemeint. Er war, nach allem was man weiß, ein Mann von beträchtlicher Begabung. Er war der erste Biologe, der die lebende Zelle untersuchte und beschrieb. Er war ein unendlich einfallsreicher Experimentator. Er hatte großes physikalisches Verständnis. Und dazu hatte er noch die unglückliche Fähigkeit, vorauszusehen, in welche Richtung sich der Wurm des wissenschaftlichen Fortschritts als nächstes wenden würde, ohne jedoch sagen zu können, auf welche Entdeckungen er stoßen würde.

In einer Hinsicht war Hooke eindeutig viel früher als Newton zu einem modernen Verständnis der Mondbewegung gelangt; ja, es war Hooke, der Newton etwas beibrachte, und nicht umgekehrt. In einem Brief von 1679 hatte Hooke Newton gedrängt, sich zu seiner eigenen Theorie der Himmelsbewegung zu äußern. Diese Theorie unterschied sich in jeglicher Hinsicht radikal von Newtons frühen Ansichten. Newton hatte die Bewegung des Mondes als Ergebnis eines Gleichgewichts zwischen zentripetalen und zentrifugalen Kräften erklärt. Indem er sich auf seine eigene bemerkenswerte Abhandlung *Attempt to Prove the Motion of the Earth* (»Versuch eines Beweises für die Bewegung der Erde«) bezog, die er 1674 publiziert hatte, schlug Hooke vor, die Umlaufbahn des Mondes als Resultante aus einer zentralen Anziehungskraft – soweit stimmte er mit Newton überein – und einer *inhärenten geradlinigen Tangentialbewegung* des Mondes zu sehen. Keine Fliehkräfte; ja, überhaupt keinerlei Gleichgewicht der Kräfte. Wäre er sich selbst überlassen, so würde der Mond sich auf einer geradlinigen Bahn tangential zur Erde bewegen. Was den Mond dazu zwingt, sich geradlinig vorwärts zu bewegen, konnte Hooke nicht sagen. Niemand konnte das. Niemand kann es. Wie dem auch sei, unter dem Einfluß der Schwerkraft der Erde beschreibt der Mond ständig eine Kurve, abgelenkt von dem Kurs, dem er ansonsten folgen würde.

Worum es auch jeweils im einzelnen ging, der Briefwechsel zwischen Hooke und Newton hat immer einen manifesten und einen latenten Inhalt; der latente Inhalt ist der wirklich interessante. Hooke war nur geneigt, eine Erklärung zu akzeptieren, wenn sie sich ihrer Art nach letztlich auch in eine anschauliche Form oder ein Bild umsetzen ließ. Wie Descartes vor ihm – ja, wie all die großen Philosophen der mechanistischen Weltsicht im siebzehnten Jahrhundert – war Hooke nicht in der Lage, eine Auffassung fallen zu lassen, in der materielle Körper andere materielle Körper dazu bringen, etwas in Bewegung zu bringen. In einer entscheidenden Hinsicht hatte sich Newton bis 1672 von dieser Einschränkung freigemacht. Das Universum, auf das er aus seinen obsidianschwarzen Augen blickte, war abstrakt, und es war mathematisch. Kräfte wirkten über Entfernungen hinweg. Teilchen oder Massepunkte bewegten sich unablässig durch das Gewölbe des Raums. Die Greifbarkeit der Dinge war verschwunden.

Hooke hatte völlig recht, wenn er mißtrauisch war: Newton hatte sich in der Tat von den mechanistischen Grundsätzen abgewandt. Aber Hooke hatte auch in in anderer Hinsicht recht. Wie erfolgreich Newtons Modelle auch sein mochten, der Preis für sie, gemessen in intellektueller Kohärenz, würde letztlich sehr hoch sein. Newton hatte sich implizit aus der Welt der Erscheinungen zurückgezogen und gründete seine Zuversicht auf Prinzipien, die meilenweit von irgendeiner Art mechanischer Wechselwirkung entfernt waren. Sie legitimierten sich, diese Prinzipien, weil sie funktionierten. Hooke hatte Einwände. Ein systematisches Verständnis mußte ein Bild hinter den Abläufen ergeben. Wenn in diesem Zusammenhang von Bildern zu reden ein wenig kindisch wirken mag, so läßt sich Hookes implizite Forderung auch aufpolieren. Eine Erklärung muß am Ende ein geometrisches Objekt liefern, denn letztlich findet der Verstand seinen Frieden nur in einer räumlichen Welt.

Es ist für mich gar nicht klar, daß Hooke in dieser Hinsicht geirrt hätte. Indem er ein geometrisches Modell für die *Principia* wählte, reagierte Newton indirekt auf Hooke, auch wenn das Geometrische weitgehend eine Illusion war. Die Wissenschaft ist in Newtons Fußstapfen getreten, wobei besonders die Physik sich immer weiter von mechanischen Prinzipien entfernte. Die Quantenmechanik bietet ein Weltbild an, das sich nicht mehr als räumliches fassen läßt. Wenn Voraussagen und ihre gelungene Kontrolle im Experiment der Prüfstein für Erfolg sind, dann muß die Quantenmechanik als eine großartige und mächtige Theorie akzeptiert werden. Wenn aber Verständlichkeit gefordert und das entscheidende Kriterium ist, dann kennt sich in der Quantenmechanik, wie in Brooklyn, erst jemand aus, wenn er schon tot ist.

Wenn der Disput mit Hooke in fast jeder Hinsicht ein Zusammenstoß zwischen Männern war, die intellektuell nicht auf derselben

Ebene standen, so traf Newton auf einen Rivalen von ganz anderem Format in dem deutschen Philosophen Gottfried Wilhelm Leibniz.* Hooke war, wie Newton ihn später einmal nennen sollte, ein »Halbwissen schwafelnder Mathematiker«; Leibniz war um 1675 auf dem besten Wege, zur größten Persönlichkeit seiner Zeit auf dem europäischen Festland zu werden. Er war ein Mathematiker ganz vom Range Newtons und, was die Vielfalt und Neuartigkeit seiner Gedanken zur Logik betrifft, Newton überlegen. In den Jahren bis 1675 hatte Leibniz eine Fassung der Infinitesimalrechnung entwickelt und zur Publikation vorbereitet, die Newtons Version an Eleganz und Einfachheit der Notation übertraf. Leibniz reiste 1675 nach London, wo er Mitgliedern der Royal Society eine eigene Rechenmaschine vorführte. John Collins war so indiskret, ihm einige mathematische Manuskripte Newtons zu zeigen. Leibniz war beeindruckt, aber kaum überrascht. Was Newton vor zehn Jahren herausgefunden hatte, hatte er inzwischen auch herausgefunden. Während der folgenden zwei Jahre schrieb Leibniz mehrere Male an Newton und stellte ihm Fragen, wie nur ein Meister sie einem anderen stellen konnte. Statt etwas von seinen Entdeckungen preiszugeben, zog Newton sich völlig in sich selbst zurück, trotz des Drängens von Collins, er möge doch um Gottes Willen die eigenen Entdeckungen publik machen. Newtons Geheimnistuerei entzündete einen unausweichlichen Streit, bei dem beide Männer völlig plausibel argumentierten, die Infinitesimalrechnung sei ihre ureigenste Erfindung. Der Streit sollte bis zum Tode von Leibniz andauern. Vor dem Hintergrund der tiefen Ängste Newtons wird die Tatsache, daß er es jetzt mit einem ebenbürtigen Gegner zu tun hatte, kaum zur Verbesserung seiner Befindlichkeit beigetragen haben. Oder zu einem ruhigen Schlaf.

* Ich beschäftige mich ausführlicher mit Leibniz in *The Advent of the Algorithm*, New York (Harcourt) 2000.

Newtons Mutter Hannah erkrankte im Herbst des Jahres 1679. Sie war inzwischen eine alte Frau, verbraucht von Arbeit und Geburten. Newton kehrte aufs Land zurück, um sie auf dem Sterbelager zu pflegen. Nach ihrem Tod blieb er noch gut sechs Monate in Woolsthorpe, um ihre Angelegenheiten zu regeln. Danach kehrte er nach Cambridge zurück. Er hatte gesehen, wie der Bogen des Lebens wieder zur Erde zurückkehrte. Während der vorausgehenden zwölf Jahre war er von einem verzehrenden Gefühl intellektueller Ekstase angetrieben und von Unsicherheit gequält worden. Jetzt war er allein. Ein Drang nach Rückzug und nach Frieden gewann die Oberhand. Irgendwann im Laufe des Jahres 1678 hatte er sich bereits der üblichen Korrespondenz verweigert, »um eines ruhigen Lebens willen«.

Schon als sehr junger Mann hatte Newton drei revolutionäre Vorstellungen entwickelt, die erste in der Mathematik (die Infinitesimalrechnung), die zweite in der Naturphilosophie (Schwerkraft) und die dritte in der Optik (die Korpuskulartheorie des Lichts). Während der langen Jahre danach gelangten diese Vorstellungen durchaus nicht auf direktem Wege in die große, weite Welt, die jenseits von Cambridge lag. Im Jahr 1670 versuchte Newton, seine Entdeckungen zur Infinitesimalrechnung in systematische Form zu bringen, und zwar in *A Treatise on the Method of Series and Fluxions* (»Abhandlung über die Methode der Reihen und der Fluxionen«). Es war ein Werk, das er nie zu Ende brachte. Newtons Gedanken zur Schwerkraft blieben seine eigenen Gedanken. Er beschäftigte sich mit Alchimie und Bibelstudien. Sein Meisterstück, die *Principia*, lag noch in der Zukunft.

Bei alldem drängt sich der Eindruck einer Persönlichkeit auf, die abwechselnd verdutzt und erbost ist, ständig auf der Flucht vor einer zentralen Obsession, die so stark ist, daß sie unerträglich wird. Und doch lassen sich die Jahre zwischen 1666 und 1684 auch anders interpretieren. Newton hatte in früher Jugend gewisse wesentliche Einsichten gewonnen; er ließ sie gerne reifen. Sein Ehrgeiz überstieg die erreichten Leistungen bei weitem. Mit dem Studium der Bibel hatte er nichts Geringeres vor, als die umfassendsten Fragen zur Natur des Universums anzugehen; und in der Alchimie Fragen zu dessen Natur im Allerkleinsten. Er glaubte, daß der materielle Kosmos aus materiellen Objekten bestand und aus Kräften, die zwischen ihnen wirkten, aber er verschloß sich niemals der Möglichkeit, daß die Schwerkraft nur eine dieser Kräfte war. »Jegliche Argumentation, die sich als triftig für die größeren Bewegungsformen erweist«, bemerkt er in einem Papier, das er als Anhang den *Principia* beigeben wollte, »sollte ebenso triftig für die geringeren sein.« Und dann macht er einen typisch prophetischen Zusatz: »Denn von den Kräften der Gravitation, des Magnetismus und der Elektrizität her ist manifest, daß es unterschiedliche Formen von Naturkräften gibt, und daß es vielleicht noch weitere Arten gäbe, sollte nicht vorschnell geleugnet werden.« Die Alchimie schloß die Suche nach diesen anderen ein. Es war eine Suche, die Newton nicht vollenden konnte.

Dennoch waren es die Bedingungen der Suche, die seinem intellektuellen Leben seinen unerbittlichen Antrieb verliehen. Die wissenschaftliche Mechanik, als seine eigene Errungenschaft, stand ihm 1666 bereits zur Verfügung. Jetzt mußte er nur noch den Bogen vollenden.

Eine gute Frage

Bei einer Zusammenkunft der Royal Society im Laufe des Jahres 1684 stellten der Astronom Edmund Halley, der glücklose Robert Hooke und der Architekt Christopher Wren aus freien Stücken die folgende Frage in den Raum: Angenommen, die Planeten werden von der Sonne mit einer Kraft angezogen, die umgekehrt proportional zu ihrer Entfernung ist, welcher Art müßten dann ihre Umlaufbahnen sein? Es war eine tiefsinnige Frage und dazu eine, die nur zu dieser Zeit und an diesem Ort gestellt werden konnte. Früher gestellt, wäre die Frage äußerst unverständlich erschienen; später gestellt, äußerst offensichtlich.

Die Bedingungen der Frage sind, merkwürdig genug, leichter zu erfassen als ihre Bedeutung. Wie gewöhnlich hat die Medaille zwei Seiten. Die erste zeigt uns die Tatsache, daß die Planeten elliptische Umlaufbahnen um die Sonne beschreiben. Eine Ellipse ist eine geometrische Figur, und diese Tatsache ist daher eine der *Form* ihrer Umlaufbahnen. Jetzt drehen wir die Medaille um. Eine umgekehrt proportionale Beziehung zwischen zwei Größen ist eine, in der die eine Größe in dem Maße abnimmt, wie die andere zunimmt. Je größer die Entfernung, desto schwächer die Anziehung. Die Tatsachen von Kräften sind Tatsachen ihrer mathematischen Natur.

Zwei Seiten. Zwei Aussagen. Zwei unterschiedliche Perspektiven. Was fehlt, ist die Verbindung zwischen ihnen und damit eine Brükke, die zeigte, daß Kraft und Form Aspekte desselben Phänomens und wirklich zwei Seiten derselben Medaille sind.

An dieser Stelle offenbart die Frage ihre verstörende latente Tiefe. Eine Verbindung zwischen *was*? Auf der einen Seite haben wir eine Form, und die kann man sehen, auf der anderen eine Kraft, die man nun überhaupt nicht sehen kann.

Man erfaßt vielleicht diese Verbindung gelegentlich – und das ist die einzige Methode, mit der wir im allgemeinen überhaupt etwas erfassen – mithilfe von Kontaktwirkungen von Kräften am menschlichen Körper. Die Faust landet, der Schuh fällt auf einen zarten Zeh, die Bananenschale läßt uns die Bodenhaftung verlieren. Unsere Vertrautheit mit Kontaktwirkungen von Kräften ist schwerlich eine Erklärung ihrer Natur, aber sie hat einiges Gewicht, ganz einfach weil wir unseren Körper in- und auswendig kennen und damit in der Lage sind, sagen zu können, wie solche Kräfte auf uns wirken, wenn auch noch nicht, warum.

Aber die Kraft, die die Planeten auf ihren Umlaufbahnen hält, ist etwas anderes. Sie ist gar keine Kontaktwirkung. Es gibt nichts daran, was wir unmittelbar erfahren könnten. Sie ist einfach dort draußen und zerrt unablässig an den Planeten, wobei uns schon gleich die Worte – *unablässig zerren* – die eigene metaphorische Beschränktheit verraten, indem sie, wieder einmal, ihre Verbindung zum menschlichen Körper offenbaren. Die Schwerkraft wirkt über die Entfernung hinweg, und sie wirkt auf der Stelle, und irgendwie wirkt sie auch überall.

Und damit kehrt die ursprüngliche Frage zurück. Was würde – was *könnte* – als eine befriedigende Verbindung gelten zwischen der Kraft, die die Planeten dort hält, wo sie hingehören, und der Form ihrer Umlaufbahn?

Die Antwort darauf, das verstand fast jeder sofort, konnte nur ungeheuer abstrakt sein; sie konnte nur eine mathematische Beweisführung sein, eine, die von den Eigenschaften einer Kraft ausging und mit der Umlaufbahn der Planeten schloß. Mit der originären Frage und ihrer verstörenden Verschreibung an die Mathematik ist eine neue Entwicklungsstufe der Naturphilosophie erreicht. *Adieu* Kontaktwirkungen; *adieu* zum menschlichen Körper als Maß und Maßstab der physikalischen Welt. *Adieu* zur Begreifbarkeit der Dinge. Eine ganz andere Art der Erklärung übernimmt jetzt das Ruder und das Kommando.

Die Frage, die Halley, Hooke und Wren gestellt hatten, konnten sie selbst nicht beantworten. Tatsächlich brüstete sich Hooke, er habe die notwendige Herleitung unternommen, aber er weigerte sich, die Einzelheiten preiszugeben, und wenn seine Prahlerei auch als glaubwürdig gelten kann, so wurde das darin enthaltene Versprechen doch niemals eingelöst.

Irgendwann im Spätsommer 1684 reiste Halley nach Cambridge, um Newton die ominöse Frage zu stellen. Der Mathematiker Abraham De Moivre hat eine weithin bekannte Darstellung ihres Treffens geliefert, die sich auf Newtons eigene Erinnerung stützt:

»Im Jahre 1684 kam ihn Dr Halley in Cambridge besuchen; nachdem sie einige Zeit gemeinsam verbracht, fragte ihn der D^r, was er wohl dächte, welche Kurve es wäre, die von den Planeten beschrieben würde, unter der Annahme, daß die Anziehungskraft in Richtung der Sonne reziprok zum Quadrat ihrer Entfernung von derselben sei? Sr Isaac erwiderte auf der Stelle, es werde eine Ellipse sein; der Doctor, voller Freude & Erstaunen, fragte ihn, woher er das wisse, ei nun, sagt er, ich hab's berechnet, woraufhin Dr Halley ihn ohne jeden Verzug um seine Berechnungen bat; Sr Isaac sah unter seinen Papieren nach, konnte sie jedoch nicht finden, aber er versprach ihm, sie neu zu machen & gleich an ihn zu schicken …«

Zweifelsohne ist De Moivres Darstellung nach heutigen Maßstäben etwas blumig – nicht daß ich etwas gegen blumigen Stil hätte;

aber sie zeigt doch einen intellektuell hochdramatischen Augenblick, und Newtons Worte – *ich hab's berechnet* – gehen sofort ins kollektive Gedächtnis der Menschheit als Beglaubigung einer machtvollen mathematischen Methode ein.

Der Rest der Geschichte ist allseits bekannt. Halley bat um eine Abschrift seiner Berechnungen, Newton, natürlich, kam der Bitte nicht nach. Und aus gutem Grund. Als er sich hinsetzte, um seinen Beweis niederzuschreiben, waren die Berechnungen, an die er sich erinnerte, irgendwie unzusammenhängend. Er unternahm die Arbeit noch einmal, diesmal erfolgreich. Im November desselben Jahres schickte er Halley sehr viel mehr, als Halley verlangt hatte, eine knappe Abhandlung mit dem Titel *On the Motion of Bodies in an Orbit* (»Über die Bewegung von Körpern auf einer Umlaufbahn«). Die Abhandlung ging über alles hinaus, was Newton je unternommen hatte; sie ging über alles hinaus, was überhaupt jemand je unternommen hatte. Auf nicht mehr als neun Seiten wies Newton nach, daß Planeten, wenn sie eine elliptische Umlaufbahn beschreiben, dem Einfluß einer auf den einen Brennpunkt dieser Ellipse gerichteten Kraft unterliegen müssen, die dem Quadrat des Abstands von diesem Brennpunkt umgekehrt proportional ist, *und* er wies nach, daß unter dem Einfluß einer solchen im Quadrat der Entfernung abnehmenden Kraft die Bahn von Körpern stets einem Kegelschnitt folgen muß. In einer einzigen majestätischen Geste hatte Newton sowohl Halleys ursprüngliche Frage als auch ihre offensichtliche Umkehrung beantwortet, und er hatte es fertiggebracht, seine Antwort so zu verallgemeinern, daß sie nicht nur die elliptischen Umlaufbahnen der Planeten umfaßte, sondern die Bahnen jedes Körpers, der sich schnell oder langsam durch ein Schwerefeld bewegte.

Halley verstand sehr wohl, daß das, was er im November 1684 in Händen hielt, der Vorgeschmack einer intellektuellen Revolution war. Es ehrt ihn, daß er das tat. Mit erheblicher Schmeichelei und einem sicheren Gespür dafür, daß Newtons Genie allenfalls von seiner

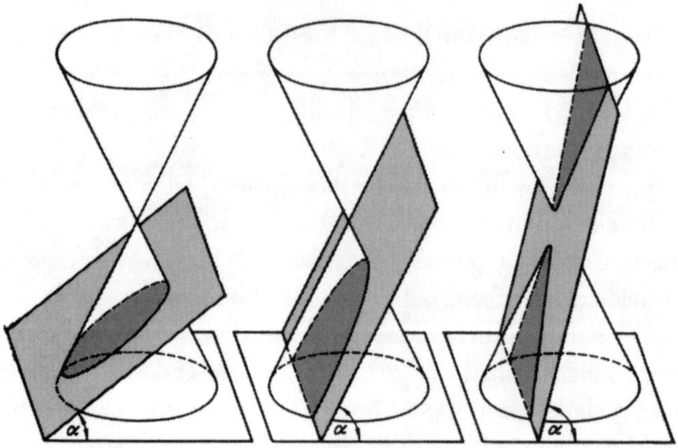

Parabel Ellipse Hyperbel

Kegelschnitte

Eitelkeit Konkurrenz zu erwarten hatte, schlug er vor, daß Newton seine Arbeit zur Bahndynamik bei der Royal Society einreichte. Der Zeitpunkt war glücklich getroffen. Nach Jahren, in denen er den Großteil seiner Gedanken für sich behalten hatte, war Newton, der sich jetzt der Mitte seiner Reise näherte, offenbar entschlossen, sich umfassend zu äußern und sich in gedruckter Form zu äußern.

Es folgte ein seltsamer und rührender Umgang miteinander, einer, der in der Wissenschaftsgeschichte fast einzig dasteht. Halley war ein fähiger und hochintelligenter Astronom; er verfügte über die doppelte Begabung, Genie anzuerkennen, ohne Groll zu hegen, und es zu fördern, ohne servil zu werden. Er war entschlossen, Newtons Gedanken zu ihrem natürlichen Ende zu bringen. Er hatte keine Vorstellung von der Größe des Projekts, auf das er sich da eingelassen hatte.

Was Newton tatsächlich zwei Jahre später der Royal Society vorlegte, waren die drei Bände der *Principia*, ein Werk, das sich zu seiner früheren Abhandlung verhält wie eine Eiche zur Eichel. Die beiden

Jahre, die Newton mit der Abfassung seines Meisterwerks verbrachte, waren nach allgemeiner Auffassung Jahre, in denen er sich intellektuell verzehrte. Die hohen Beträge an roher Energie, die er bisher in der Alchimie oder in Bibelstudien oder unvollendeten mathematischen Traktaten entladen hatte, kamen jetzt zusammen und vereinigten sich. Er aß kaum; er schlief unregelmäßig; er verbrachte sein Leben in einem Kreis, der von seinem Arbeitszimmer über einen Fußweg durch die Grünanlagen zum Speisesaal der Universität und wieder zurück verlief. Er erhob sich früh und zog sich spät zurück. Sein Freund und Kollege Humphrey Newton, der jetzt anstelle von John Wickham mit ihm das Zimmer teilte, betrachtete mit Unbehagen die Handlungen eines Mannes, der alles in seinem Leben einem unbezähmbaren intellektuellen Drang untergeordnet hatte. Zwei Jahre lang funktionierte Newtons Körper nur, um seinen Geist zu erhalten. Folioblätter wurden mit schwarzer Tinte gefüllt, während er von einem Gedanken zum anderen fortschritt. Herleitungen wurden begonnen und abgeschlossen; Beweise wurden entdeckt oder wiedergefunden. Großartige Begriffe wurden eingeführt und ausgearbeitet. Newtons System wuchs mit großer dramatischer Wucht. Jede Idee, die herausbrach, führte zu einer anderen, und jede trug etwas zu einer architektonischen Struktur bei, die, wie gewisse gotische Kathedralen, filigran und massiv zugleich war.

In der Geschichte der Wissenschaft ist nichts verzeichnet, das den zwei Jahren gleichkäme, in denen Newton die *Principia* verfaßte. Sowohl Newton als auch Einstein hatten ans Wundersame grenzende Jahre der Einsicht und der Entdeckung in ihrer Jugend erlebt; und Einstein hatte, ähnlich wie Newton, Jahre mit der Suche nach dem Bogen verbracht, der seine Relativitätstheorie vollenden würde. Aber im Vergleich zu Newtons ekstatischem Galopp bewegte sich Einstein in einem sehr gemäßigten Trab, ruhte sich von Zeit zu Zeit aus, unterhielt sich mit Freunden und Kollegen, hielt Vorträge, lehrte sogar. Vielleicht ist der einzige, der etwas Ähnliches erlebte, Michelangelo gewesen, auf dem Rücken hoch oben unter der Decke der Sixtinischen Kapelle, stark, schweigend und einsam.

Newton reichte das Manuskript seines Meisterwerks 1687 bei der Royal Society ein. Halley las es voller Ehrfurcht, Hooke voller Zorn. Das Werk war von einer Großartigkeit, die ausreichte, seine Eitelkeit herauszufordern, ohne ihm gleich die Sprache zu verschlagen; er war und blieb der Überzeugung, daß Newton ihm die gebührende Anerkennung schuldig geblieben war. Daß Newton ihm überhaupt Anerkennung zollte, war bereits ein Akt ungewohnter Großzügigkeit. Auf Hookes reflexartigen Vorwurf des Plagiats reagierte Newton mit systematischer Wut, ging das gesamte Manuskript der *Principia* noch einmal durch und strich Hookes Namen, wo immer er auftauchte. Halley war entgeistert; seine Proteste nützten nichts. Am Ende gelang es Newton, Hookes Namen aus seinem Meisterwerk zu tilgen und ihn dem Strom der Geschichte zu überantworten, so daß Hooke heute besser bekannt ist wegen seiner Entrüstung, als er es vielleicht wäre, wenn Newton das gesagt hätte, was nun einmal klipp und klar die Wahrheit war – nicht jeder Gedanke der *Principia* stammte von ihm selbst.

Es bleibt das Offensichtliche. Die Arbeit, die Newton in den Jahren zwischen 1684 und 1686 unternahm, stellt den Biographen und den Psychologen vor ein unauflösliches Geheimnis, das über die reine und unabweisbare Tatsache der Genialität hinausreicht, eine Tatsache, die wir erkennen, aber nicht erklären können. Die *Principia* sind ohne Frage unser größtes Werk des reinen Denkens; es gehört heute zu den kollektiven Schätzen der Menschheit. Es vollendet die große wissenschaftliche Revolution, die von Kepler und Galilei eingeleitet wurde; es enthält eine einzigartige Kombination von mathematischer Beweisführung und tiefer physikalischer Intuition. Und es stellt eine entscheidende Demonstration der Macht bestimmter mathematischer Methoden in der Naturphilosophie dar. Vor Newton glaubte niemand recht daran, daß diese Methoden ein umfassendes Weltsystem hervorbringen könnten; nach Newton bezweifelte es niemand mehr.

Eine Studie schlichter Strenge

Die *Principia* sind in zweierlei Hinsicht ein schwieriges Werk. Sie sind auf Lateinisch geschrieben, und sie bedienen sich einer anspruchsvollen mathematischen Ausdrucksweise. Ins Englische übersetzt und in moderne mathematische Schreibweise gebracht, werden Newtons Gedanken sehr viel leichter begreiflich. Trotzdem werden wissenschaftliche Mechanik und Himmelsdynamik niemals zu den leichten geistigen Übungen gehören. Sie beschäftigen sich mit Dingen, die weit außerhalb der gewöhnlichen Erfahrung liegen, und ihre Methoden und Techniken ähneln insofern denen, die man zum Geigespielen braucht, als man sie sorgfältig erlernen und durch stete Übung vervollkommnen muß. Dennoch sind die *Principia,* all ihren Schwierigkeiten zum Trotz, ein Werk von großer intellektueller Abgeklärtheit.

Newtons System ist architektonisch einfach und streng zugleich. Das Universum, das uns die *Principia* zeigen, enthält Masseteilchen, und es enthält Kräfte, und es enthält die mathematischen Strukturen, mit denen beide in Beziehung gesetzt werden. Sonst enthält es nichts. Diese Aussage darf nicht falsch verstanden werden. Sicherlich ist das Universum alles, was es gibt, und während es Masseteilchen, Kräfte und mathematische Strukturen enthalten mag, so enthält es doch außerdem noch sehr viel mehr. Die Grundbestandteile oder Elemente der großen Oper, die Zeit vor der Einführung des Gregorianischen Kalenders, der Stapelverarbeitungsalgorithmus, den eine Großbank einsetzt, das am heißesten geliebte Buch der Moderne und die Vereinigten Staaten von Amerika sind keine Masseteilchen, und die Beziehungen zwischen solchen Dingen lassen sich nicht mit mathematischen Hilfsmitteln in mechanische Kräfte auflösen. Die Newtonsche Mechanik geht mit gnadenloser Vereinfachung und Abstraktion vor; und selbst innerhalb der Welt von Masseteilchen und Kräften, auf die sie sich bezieht, geht sie sehr häufig so vor, daß sie bequeme, aber kontrafaktische Annahmen benutzt.

Wenn die Welt, die sich Newton zu beschreiben und dann zu analysieren vornahm, durch große Strenge ausgezeichnet ist, so auch die Struktur der *Principia* selbst. Sie sind gebaut als eine axiomatische Abhandlung, sehr ähnlich der euklidischen Geometrie. Bestimmte Annahmen werden gleich zu Anfang gemacht. Das sind die Axiome des Systems. Sie sind in gewöhnliche Sprache gefaßt, enthalten aber sehr spezifische physikalische Ausdrücke wie Kraft, Masse und Beschleunigung. Diese Ausdrücke werden nicht definiert, aber sie werden erklärt, wobei Newtons Erklärungen dazu dienen, Begriffe zu reinigen und zu verfeinern, die häufig schon existieren, seit man denken kann.

Newtons Schlußfolgerungen über das Universum sollen genauso aus seinen ursprünglichen Annahmen hervorgehen, wie Euklids Schlüsse aus seinen berühmten fünf Axiomen und den entsprechenden Definitionen folgen. Das ist der große logische Plan. Tatsächlich folgt in den *Principia* fast nichts aus Newtons physikalischen Annahmen allein. Eine Fülle von Mathematik muß zwischen die Prämissen und seine Schlußfolgerungen geschoben werden, bevor die Schlußfolgerungen logisch aus den Prämissen folgen. Newtons mathematischer Apparat ist ebensosehr ein Teil seiner Annahmen wie seine physikalischen Gesetze. Dieser Apparat wird oft übersehen, besonders wenn allgemeine Behauptungen über Newtons Universum oder gar das Universum der modernen Wissenschaft aufgestellt werden; aber dennoch ist er da, und während es zweifellos eine Unterscheidung zwischen den mathematischen und den physikalischen Annahmen gibt, die Newton macht, so ist es doch eine Unterscheidung, die nicht leicht zu treffen ist.

Newton beginnt die *Principia* mit drei spezifischen Bewegungsgesetzen, zwei allgemeinen Grundsätzen zu Raum und Zeit und einer Reihe sorgfältiger Erklärungen.

> DAS GESETZ DER TRÄGHEIT
> Jeder Körper behält seinen Zustand der Ruhe oder der gleichförmigen Bewegung entlang einer geraden Linie bei, solange er nicht durch einwirkende Kräfte gezwungen wird, diesen Zustand zu ändern.

Das ist eine Aussage, die der Intuition zuwiderläuft, eine, die von der Erfahrung nicht gestützt wird. Auf der Erdoberfläche neigen ruhende Körper dazu, in Ruhe zu bleiben, und bewegte Körper neigen dazu, in den Zustand der Ruhe zurückzukehren. Das, so verstand Newton, ist eine interessante, aber untypische Tatsache, eine lokale Eigentümlichkeit, die der Reibung und der Schwerkraft geschuldet ist. Im Universum als Ganzes gibt es zwei *natürliche* Zustände, in denen sich ein Körper oder Massepunkt befinden kann. Er kann sich in Ruhe befinden *oder* in gleichförmiger Bewegung auf einer geraden Linie. Mit »gleichförmiger Bewegung« meinte Newton Bewegung mit derselben, unveränderten Geschwindigkeit. Mit einer geraden Linie meinte er eine gerade Linie. Ein Zustand der Ruhe ließe sich durchaus als Grenzfall der gleichförmig geradlinigen Bewegung denken, einer, bei dem ein Objekt sich in gerader Linie mit überhaupt keiner Geschwindigkeit bewegt. Dieses befreiende verbale Manöver enthüllt ein Universum, in dem Masseteilchen entlang gerader Linien in Bewegung sind und für immer und ewig von nirgendwo nach nirgendwo unterwegs, ausdruckslos und unergründlich wie die Sonne.

Gleichförmig geradlinige Bewegung ist *natürlich* in einem absoluten wie auch in einem relativen Sinne. Ein Universum ohne Kräfte wäre eines, das von Masseteilchen durchkreuzt würde, die sich auf geraden Bahnen bewegen. Es gäbe diese Teilchen, und es gäbe die Bahnen, denen sie folgen. Das ist Absolutheit mit vollem metaphysischem Aplomb. Nur ein Universum, in dem es *keine* Teilchen gäbe, könnte noch einfacher sein. Und ein solches Universum wäre unter dem Strich rein gar nichts, und das reine Nichts hat eine radikale, wenn auch bedrohliche Einfachheit, die jedem anderen Zustand versagt ist.

Gleichförmig geradlinige Bewegung ist aber auch natürlich in dem relativen Sinne, daß sie keine Erklärung innerhalb des Systems von Newton findet. Ein bewegter Körper bewegt sich einfach immer weiter; Newtons System kann erklären, wohin er sich bewegt, aber es kann nicht erklären, warum er sich dorthin bewegt, noch kann es erklären, warum es sich dorthin auf einer *geraden* Linie bewegt statt auf einer Kreisbahn, in einer Spirale, Ellipse oder auf irgendeiner anders geformten Bahn. Die antike Vorstellung, daß bestimmte Formen und Zustände von der Natur bevorzugt würden, mag uns als Ausdruck einer unschuldigen Voreingenommenheit erscheinen, aber irgendeine Form dieser Voreingenommenheit scheint unausrottbar zu sein. Während Newton die Vorstellung fallen ließ und fallen lassen konnte, die Planeten müßten Kreisbahnen beschreiben, weil Kreise einfach etwas Wunderschönes sind, konnte er doch kein Universum gutheißen, in dem überhaupt keine geometrische Figur bevorzugt wird, und sah im Strahl der geraden Linie das Gittergerüst der Welt, wie es aussah, bevor es gestört wurde.

Wenn allein die gleichförmig geradlinige Bewegung die natürliche Form der Bewegung ist, dann muß folgerichtig jede Abweichung von gleichförmig geradliniger Bewegung einen Kunstgriff der Natur darstellen. Ein Universum, in dem Teilchen einer *Veränderung* unterliegen, ist ein ausgeschmücktes Universum und daher weniger einfach, als es sonst wäre. Das ist wieder eine metaphysische Bemerkung, eine Behauptung über die Natur der Dinge. Veränderung erfordert eine Zeit, in der sich Veränderung vollziehen kann, und ein Universum, in dem die Zeit verfließt, während sich die Dinge ändern, hat sich vom Blick des Absoluten zurückgezogen.

Veränderung in Newtons Universum ist natürlich Veränderung der Bewegung. Was sonst gäbe es denn? Und Bewegungsänderung liegt nun wirklich *innerhalb* des Erklärungsrahmens von Newtons System.

Die *Principia* erklären Bewegungsänderung in einer dreifachen Reduzierung und einem einzigen Gesetz. In einem Universum, in dem sich Masseteilchen entweder in Ruhe befinden oder sich entlang einer geraden Linie bewegen, gibt es nur drei Möglichkeiten für Veränderung, ein recht bescheidener Vorrat. Ein ruhendes Teilchen kann in Bewegung kommen; ein Teilchen in geradlinig gleichförmiger Bewegung kann langsamer oder schneller werden; oder ein solches Teilchen kann die Richtung ändern, indem es von der geraden Linie abweicht. Im Rahmen der *Principia* werden diese dem Anschein nach ganz unterschiedlichen Veränderungen in eine einzige platonische Gestalt überführt: *Jede Änderung ist eine Änderung der Geschwindigkeit.* Erst gar nichts zu tun und dann doch etwas zu tun bedeutet, seine Geschwindigkeit zu verändern; aber langsamer zu werden oder schneller, bedeutet das auch; und auch, ganz genauso, von einer geraden Linie abzuweichen. Ein Gegenstand, der sich im Kreise dreht, wo er sich vorher stur geradeaus bewegt hat, hat Geschwindigkeit in einer neuen Richtung aufgenommen.

Bewegungsänderung ist die große Imponderabilie in Newtons Universum; und sie tritt nur dann ein, wenn Kräfte ins Spiel kommen. Dafür ist Newtons zweites Gesetz zuständig:

DAS BESCHLEUNIGUNGSGESETZ

Bewegungsänderung ist proportional zu der einwirkenden bewegenden Kraft und vollzieht sich geradlinig in der Richtung, die der Richtung der einwirkenden Kraft entgegengesetzt ist.

In gewöhnlicher Sprache ausgedrückt, besagt das Gesetz, daß Kraft das Produkt von Masse und Beschleunigung ist. Dieses Gesetz drückte Newton in vier berühmten Zeichen und mithilfe von zwei mathematischen Beziehungen aus (Identität und Multiplikation):

$$F = ma$$

Beschleunigung ist ein rein mathematischer Begriff; Masse ist eine Sache der Physik. Die Masse eines Körpers läßt sich zunächst einmal mit der ihm eigenen Macht identifizieren, sich einer Veränderung zu widersetzen. Sie ist das, was eine Kraft überwinden muß, wenn sie eine Geschwindigkeitsänderung erwirken will. In seiner dritten Definition sagt Newton: »Die *vis insitia* oder innewohnende Kraft der Materie ist ein Widerstandsvermögen, vermittels derer jeder Körper in dem Maße, in dem er über sie verfügt, seinen bestehenden Zustand erhält, sei es der der Ruhe oder der gleichförmigen Vorwärtsbewegung auf einer geraden Linie.« Das wirft vielleicht kein sehr helles Licht auf einen unerklärten Begriff. Innewohnende *Kraft*? Ein *Vermögen* des Widerstands? Von welchem Erklärungswert sind diese Begriffe für Kräfte überhaupt? In seiner ersten Definition sagt Newton allerdings, Masse sei ein Maß, das aus »Dichte und umfänglicher Menge« eines Körpers »gemeinschaftlich« entstünde. Das führt nur tiefer ins Ödland des Vokabulars. Wenn wir die Bedeutung von Dichte und umfänglicher Menge kennen würden, wären wir sicherlich weiter in diesem strittigen Fall, aber die Infektion schreitet seitwärts voran, von Masse zu Dichte zu umfänglicher Menge.

Heute sieht man das einfacher. Die Masse eines Gegenstands oder Teilchens messen Physiker jetzt im Vergleich zu einem Standardgegenstand, dessen Masse definitionsgemäß auf eins festgelegt ist. Der Standardgegenstand ist eine Platin-Iridium-Legierung in zylindrischer Form, und dieser Zylinder wird vom Internationalen Büro für Gewichte und Maße in Sèvres in Frankreich gehütet. Das sagt uns, wie Masse möglicherweise gemessen werden kann, aber es geht knapp daran vorbei, uns zu sagen, was Masse eigentlich *ist*.

Die Definition von Masse ist aber allenfalls ein Nebenschauplatz; das Gesetz selbst hat genug an majestätischem Eigengewicht. Und eben dieses zweite Newtonsche Gesetz ist Newtons großer Beitrag zur Naturwissenschaft. Es sagt etwas aus, das so geheimnisvoll wie einfach ist. Kraft ist das Produkt von Masse und Beschleunigung. Soviel zur Einfachheit. Jetzt kommt das Geheimnisvolle. Wird Kraft in Begriffen von Masse und Beschleunigung *definiert*? Das würde bedeuten, daß das Universum lediglich unterschiedlich schnell bewegte Teilchen von unterschiedlicher Masse enthält und die Kraft sich dank einer definitorischen Degradierung als Grundbaustein der Welt verabschiedet. In diesem Fall wäre es sinnlos, sich etwa auf die Anziehungs*kraft* zu berufen, um den Weg eines frei fallenden Körpers zur Erde hin zu erklären. Es gibt die Erde; und es gibt diesen frei fallenden Körper. Wenn Kraft wegdefiniert worden ist, bleibt sonst nichts übrig. Materielle Objekte neigen dazu, sich beschleunigt aufeinander zuzubewegen.

Warum tun sie das?

Sie tun es einfach.

Aber Newtons Universum enthält Teilchen, und außerdem enthält es Kräfte. Die Beziehung zwischen Kraft, Masse und Beschleunigung ist eine Gleichsetzung, aber das zweite Newtonsche Gesetz ist deswegen noch kein bloßer verbaler Trick. Das Gesetz drückt eine Entdeckung über die Welt aus, von der Art her nicht anders als die Entdeckung, daß Wasser identisch mit einer ganz bestimmten Kombination von Wasserstoff und Sauerstoff ist. Die definitorische Degradierung kann hiermit wieder aufgehoben oder zumindest ausgesetzt werden.

Wenn Kräfte auch ein wirklich echter Teil von Newtons Universum sind, so statten sie das zweite Gesetz doch mit einer gewissen Seltsamkeit aus. Eine Kraft wirkt, indem sie materielle Objekte zu Geschwindigkeitsänderungen zwingt. Wir können sowohl Masse als auch Beschleunigung beobachten und messen, aber wir können die Kraft, die dafür verantwortlich ist, nicht direkt beobachten und messen. Das bleibt eine reale, aber unzugängliche Eigenart der Welt. Newton hat das sehr wohl verstanden. Kontaktwirkungen sind leicht zu erfassen. Ein Objekt trifft auf ein anderes. *Bumm!* Das war's. Newtonsche Kräfte können gar nicht erfaßt werden. Sie wirken unsichtbar; sie wirken über die Entfernung hinweg, und sie wirken unverzüglich. Nur die Spur, die sie in der Materie hinterlassen, läßt sich ausfindig machen. Sie haben sich aus der Welt der Erscheinungen zurückgezogen und agieren in der Welt der Teilchen als deren, wie Newton es nannte, »geheime Triebfedern«. Das scheint ganz nach einem beunruhigenden intellektuellen Rückzug auszusehen, einem Rückzug in die dunkle Nacht mittelalterlicher Mächte und Möglichkeiten. Und das ist es auch.

Newtons drittes Gesetz ist mittlerweile als Behauptung einer ganz allgemeinen und nicht nur physikalischen Wahrheit ins öffentliche Bewußtsein gedrungen:

> GESETZ VON AKTION UND REAKTION
> Jeder ausgeübten Kraft entspricht eine gleich starke, aber entgegengesetzte Kraft.

Einleuchtende Beispiele für das Gesetz findet man im Alltag. Ein Auto fährt auf ein zweites auf, der Kühler des ersten verbeult die hintere Stoßstange des zweiten. Aufprall: *Aktion*. Das erste Auto bleibt abrupt stehen, mit verbeultem Kühler. Der Kraft des Aufpralls entspricht der Widerstand des zweiten Autos: *Reaktion*. Das zweite Auto hat das erste zum Stillstand gebracht: *Aktion*. Jetzt schießt es abrupt vorwärts: *Reaktion*. Es ist nicht ohne weiteres klar, warum man ein Naturgesetz braucht, um solche Tatsachen festzuhalten.

Die Bedeutung des dritten Gesetzes liegt woanders. Der Sachverhalt, daß jede Aktion eine gleich starke, aber entgegengesetzte Reaktion erzeugt, spricht dafür, daß in der Welt ein Gleichgewichtsprinzip wirkt. Soviel ist schon klar aus der bloßen Formulierung des Gesetzes. Dennoch ist es nicht einfach, anzugeben, was denn da genau in ein Gleichgewicht gebracht wird oder was ins Gleichgewicht bringen in diesem Zusammenhang überhaupt bedeutet. Das Bild einer Waage, auf die Aktionen und Reaktionen gelegt werden, ist nicht besonders hilfreich. Und doch eröffnet das Gesetz einen Korridor zu den tiefsten Bereichen der mathematischen Physik, etwas das Newton mit seiner bemerkenswerten Fähigkeit, es aufs Grundsätzliche anzulegen, sicherlich wußte oder zumindest vermutete. Die Metapher des Gleichgewichts kann beruhigt zur Seite gelegt werden. Etwas Stärkeres ist hier gefragt, und das ist die Vorstellung, daß in mechanischen Wechselwirkungen irgendeine Quantität erhalten bleibt. Man beachte, daß der Antrieb für diese Aussage in zwei unterschiedlichen Brennkammern gezündet wird: irgendeine *Quantität*, und irgend etwas *bleibt erhalten*. Wenn zehn Leute von einem Zimmer in ein anderes verfrachtet werden, bleibt ihre Zahl erhalten; wenn eine Münze räumlich gedreht wird, bleibt ihr Gewicht erhalten. Das dritte Gesetz erfordert etwas, das abstrakter ist als Zahl oder Gewicht, und das ist der Begriff des Impulses. Das ist ein neuer Begriff, aber er läßt sich mithilfe von Begriffen ausdrücken, die in Newtons Universum bereits zur Verfügung stehen. Impuls ist das Produkt der Masse eines Teilchens mit seiner Geschwindigkeit, und in seiner ausgewachsenen Form nimmt er die Gestalt eines Vektors an. Die

Aussage, daß der Impuls erhalten bleibt, heißt einfach, daß im Fall einer Wechselwirkung von zwei Teilchen, in gleich starker entgegengesetzter Aktion und Reaktion, der Impuls beider Teilchen zusammengenommen unter dem Strich gleich null ist. Darin liegt etwas geradezu kindisch Befriedigendes, eine mechanische Lösung, die einen ganz primitiven künstlerischen Sinn befriedigt.

Erhaltungssätze spielen eine wichtige Rolle in der gesamten mathematischen Physik, und wenn auch nur, weil die Erhaltung physikalischer Quantitäten eine gewisse Symmetrie in der Anlage des Universums selbst widerspiegelt. Und das hat sich nun natürlich zu früheren Zeiten im Bild einer kosmischen Waage widergespiegelt, eines Gleichgewichts, das im aktiven Geschehen erreicht wird. Mehr als alles andere hat der Begriff der Symmetrie die Phantasie des Physikers geleitet und ihn dazu beflügelt, ihre Spur in der Materie im ganz Großen, wozu die Symmetrie von Raum und Zeit gehört, bis hin zum Allerkleinsten zu verfolgen, wo subatomare Symmetrien die Wechselwirkung einer Reihe von seltsamen kurzlebigen Teilchen beherrschen, die zur Existenz aufflackern, um sich gleich wieder Hals über Kopf in die Auslöschung zu stürzen. Aber wenn die Suche nach Symmetrie ein starker Reiz für die Phantasie des Physikers war, so war sie doch auch eine Qual für seinen Intellekt, denn letztlich führt nichts daran vorbei, daß wir in einer grandios asymmetrischen Welt leben, in der sogar der menschliche Körper zwei Nieren, aber nur eine einzige abgeplattete Leber hat. Physiker erklären die Welt, in der wir uns wiederfinden, unter Berufung auf ein vollkommen symmetrisches Universum, dessen Eingangssymmetrien durchbrochen wurden und nun in Bruchstücken herumliegen. Aber wenn Symmetrien gebrochen werden können, dann liegt noch etwas viel Grundsätzlicheres jenseits ihres Geltungsbereichs verborgen, womit sich das Rad der Erklärung auf einmal und ohne große Bodenhaftung wieder zu drehen beginnt.

Das Newtonsche Universum existiert in Raum und Zeit – naja, was täte das eigentlich nicht? –, aber es existiert in einem Raum und einer Zeit, die absolut sind. Jenseits von allem Geschehen gibt es das Maß der verfließenden Zeit, und jenseits jedes Ortes, an dem es geschieht, gibt es das unveränderliche Gewölbe des Raums. Newtons eigene Worte drücken diesen Gedanken mit tiefem Ernst kraftvoll aus:

> DAS GESETZ VON DER ABSOLUTEN ZEIT
> Die absolute, wahre und mathematische Zeit verfließt, aus sich selbst heraus und ihrer Natur nach, gleichmäßig ohne jeden Bezug auf irgend etwas Äußeres.
>
> DAS GESETZ VOM ABSOLUTEN RAUM
> Der absolute Raum, von seiner eigenen Natur aus, ohne jeden Bezug auf irgend etwas Äußeres, bleibt stets der gleiche und unbeweglich.

Es versteht sich natürlich von selbst, daß Raum und Zeit, wenn sie als »ohne jeden Bezug auf irgend etwas Äußeres« definiert werden, auch jeder experimentellen Verifizierung entzogen sein müssen. Genau dieser Umstand führte dazu, daß sowohl Mach als auch Einstein ihre Existenz in Frage stellten. Aber diese Fragen gehören in die Zukunft, und die Zukunft hat sie bisher noch nicht befriedigend beantwortet. Vom Gesichtspunkt der Newtonschen Mechanik aus dienen der absolute Raum und die absolute Zeit dazu, das Universum mit einem einzigen, universellen Koordinatensystem auszustatten, das von jedem beliebigen Ort des Universums aus zugänglich ist, und genauso zugänglich zu jeder beliebigen Zeit.

Newtons fünf Bewegungsgesetze drücken die rein physikalischen Anliegen der *Principia* aus. Aber die *Principia* sind ebensosehr eine mathematische Abhandlung wie eine physikalische, und die Mathematik, die dort verwendet wird, macht zumindest einen Teil ihrer visionären Kraft aus. Um Weg, Geschwindigkeit und Beschleunigung zueinander in Bezug setzen zu können, ging Newton von der Annahme aus, daß sowohl der Raum wie auch die Zeit überhaupt meßbar sind. Das ist die fundamentale metaphysische Annahme nicht nur der *Principia*, sondern der modernen mathematischen Physik überhaupt. Es ist die Annahme, die Raum und Zeit erst ihre gesamte Struktur verleiht. Die reellen Zahlen lassen sich addieren, multiplizieren, dividieren und subtrahieren. Sie gehen von null aus vorwärts und rückwärts, sie reichen in beide Richtungen bis ins Unendliche, und sie haben eine unendlich feinkörnige Struktur, in der zwischen reellen Zahlen wieder reelle Zahlen liegen. Innerhalb der *Principia* gelten diese Eigenschaften für Raum und Zeit gleichermaßen. Sie gelten qua *Annahme*.

Die Annahme rechtfertigt sich aus sich selbst. Ohne sie könnten die *Principia* die physikalische Welt gar nicht in den Griff bekommen. Newton dachte sich Raum und Zeit nach Maßgabe der reellen Zahlen, weil alle Instrumente, über die er verfügte – Sonnenuhren, mechanische Uhren, Wasserräder, Teleskope, Vergrößerungsgläser – für eine Welt sprachen, in der weder Raum noch Zeit irgendwelche markanten Sprünge aufzuweisen schienen. Eine Minute wird unmerklich zur nächsten; ein Schritt gleitet in den anderen über. Der Schritt von der Feststellung solcher Fakten zur Folgerung, daß Raum und Zeit meßbar waren, schien unausweichlich.

Eine vollständige und konsequent einheitliche Beschreibung der wissenschaftlichen Mechanik müßte mathematische und physikalische Annahmen gleich behandeln und hätte beide mit der gleichen Sorgfalt für Detail und Aussage zu entwickeln. Das ist eine Aufgabe, die außerhalb der Reichweite dieses Buches liegt, und sei es aus keinem besseren Grunde als dem, daß sie schon außerhalb der Reichweite der *Principia* lag.

Eine Anleihe auf die Zukunft

Neben vielem anderen war Newton Maler; die Bewegung seines Geistes vollzog sich in bildhaften Schritten, und seinen Gedanken zu folgen heißt zuzusehen, wie sich die Leinwand, auf der er arbeitet, allmählich füllt, bis aus einer Abfolge grober Skizzen eine detailreiche Darstellung des physischen Universums geworden ist.

Newton benutzte seine ganz eigenen Pinsel und Farben, um die Leinwand der Welt zu füllen, ließ sich furchterregend komplizierte geometrische Konstruktionen einfallen, die er dann nutzte, so daß sich sein Geist, gebündelt von der Linse seines Genies, auf tausend verschiedene feinlinige Zeichnungen ausrichtete. Diese Zeichnungen sind sehr schwer zu interpretieren. Es gibt eine berühmte Videoaufzeichnung von Richard Feynman, der den Versuch unternimmt, einem Publikum von Erstsemestern die physikalische Bedeutung einer der abstoßenderen geometrischen Demonstrationen Newtons zu vermitteln. Wie immer lässig gekleidet – offenes weißes Hemd, Freizeithosen – läuft Feynman gestikulierend auf dem Podium auf und ab, während er in markantem Ton und mit großer Selbstsicherheit seine Rekonstruktion der unendlich kunstvollen Gedanken Newtons zum besten gibt. Dann wendet er sich der Tafel zu. Zeichnungen werden herauf- und herabgefahren. Linien beginnen einander zu

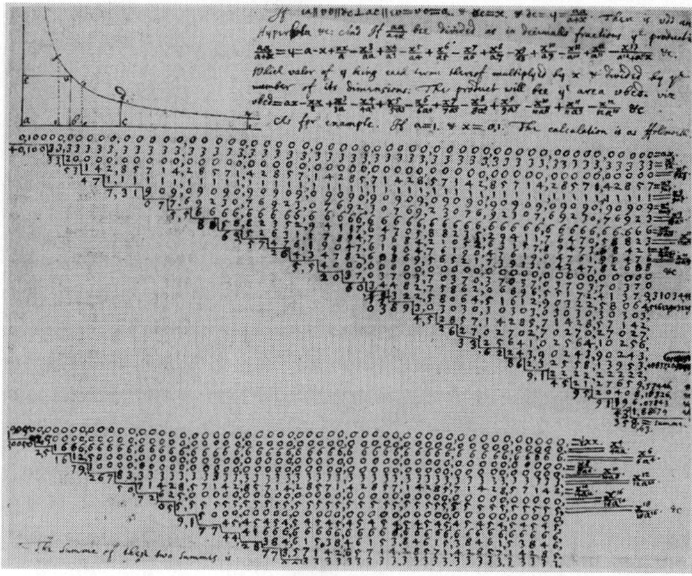

Newtons eigenhändige Berechnungen

schneiden, die Bezeichnungen werden immer barocker, aber so viele Geraden und Kurven und Krakel auch ihren Platz auf der Tafel finden, die bündige Auflösung des Gedankengangs bleibt dem Auflösungsvermögen von Feynmans eigener Analyse immer einen Schritt voraus. Am Ende gibt er mit einem verlegenen und liebenswürdigen Schulterzucken zu, daß er auch nicht so recht versteht, was Newton da geschrieben hat.

Darauf kommt es jetzt nicht mehr an. Newton hat nicht nur eine Disziplin geschaffen, er hat auch eine Institution begründet. Wenn seine Nachfolger nicht über seine überragende Originalität verfügten, so taten sie immerhin, was Jünger einer Disziplin tun müssen: Sie erfanden Techniken, mit denen sie selbst zurechtkamen, sie entmystifizierten den Text des Meisters, und sie vereinfachten seinen Argumentationsgang und glätteten so seine Analysen. All das brauchte Zeit. Mehr als einhundertfünfzig Jahre sollten vergehen, bis mathematische Physiker und Mathematiker die einfachen, eleganten Werkzeuge entdeckten, die aus der wissenschaftlichen Mechanik ein sicheres, vernünftiges Gedankensystem machen sollten.

Die Infinitesimalrechnung ist noch immer das entscheidende – das unverzichtbare – mathematische Werkzeug; aber es war die Bereicherung der Infinitesimalrechnung um Vektoren, die aus der Filigranarbeit von Newtons geometrischen Zeichnungen mathematische Techniken gemacht hat, die jeder mit ein wenig Bereitschaft zur Handarbeit auch anwenden kann.* Dazu braucht man nichts wirklich Neues. Die Vektorrechnung ist immer noch Infinitesimalrechnung. Grenzwerte bleiben Grenzwerte, Ableitungen bleiben Ableitungen, und Folgen konvergieren ihrem vorbestimmten Ende zu. Vektoren erweitern die Grenzen des Verstehens, sie formen sie nicht um.

Denken wir uns das Universum zweidimensional mit einem Koordinatensystem über seine uneingrenzbaren Weiten gebreitet und der Erde selbst in dessen Nullpunkt. Es gibt also zwei Achsen und vier Quadranten im Raum, und jeder einzelne Punkt ist durch ein Zahlenpaar bezeichnet. Wenn wir diese Ebene jetzt zum zweitenmal sehen, muß das Auge sich auf eine ganz neue Sicht einstellen, in der *Zahlenpaare* auf einmal eine unabhängige eigene Identität gewinnen. Um ihre Rolle als Objekte zu unterstreichen, setzen Mathematiker Zahlenpaare in Klammern. Also (3;5), (–4;12), (130;–40). Und damit weiter zu einer klaren Definition: Vektoren sind Zahlen in Paaren. Die Bestandteile der Paare sind die Komponenten der Vektoren.

* Seit den vierziger Jahren des zwanzigsten Jahrhunderts stehen sogar noch raffiniertere Werkzeuge, wie etwa die symplektische Geometrie und Differentialformen, für die Himmelsmechanik und -dynamik zur Verfügung.

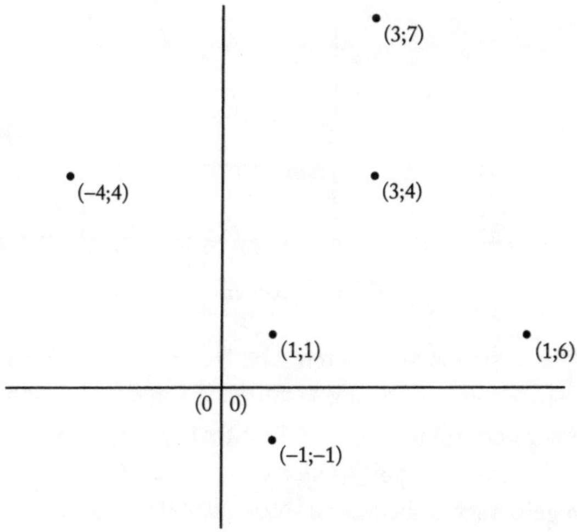

Vektoren als bezeichnete Zahlenpaare in der Ebene

Im neunzehnten Jahrhundert entdeckten Mathematiker, daß Zahlenpaare wie ganz normale mathematische Objekte behandelt werden können, und brachten Vektoren so unter die Herrschaft eines uralten Apparates von Rechenoperationen. Es gibt Vektoren, die im übertragenen Sinn ganz dasselbe leisten wie die Zahlen null und eins. Daher spielt (0;0) in der Vektorrechnung die Rolle der null, und die Vektoren (1;0) und (0;1) spielen die Rolle von Einheiten oder von grundlegenden Standardmaßen der Vektorrechnung. Die Einheitsvektoren werden mit den Buchstaben **i** = (1;0) und **j** = (0;1) bezeichnet, und zwar in Fettdruck, wie alle Vektoren. (In der gesamten Vektorrechnung beherrscht die Fettschrift das Druckbild.*)

* In der deutschen mathematischen Literatur findet man noch häufig die traditionelle Kennzeichnung von Vektoren durch Buchstaben in Frakturschrift *(Anm. d. Übers.)*.

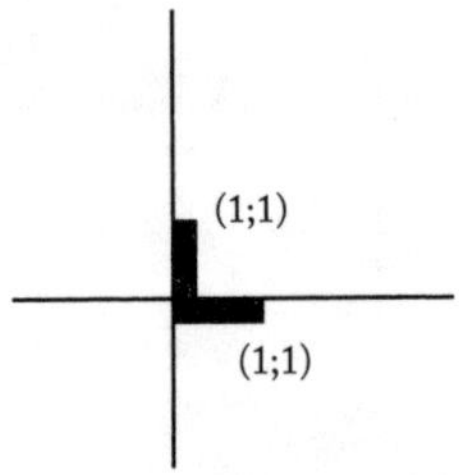

Einheitsvektoren

Vektoren lassen sich also addieren. Die Summe zweier Vektoren ist das Zahlenpaar aus den Summen ihrer jeweiligen Komponenten. Die Vektorsumme von **u** = (5;2) und **v** = (8;1) ist **w** = (13;3). Die Addition von Vektoren ergibt wieder einen Vektor. Wenn Addition geht, dann geht auch Subtraktion.

Vektoren lassen sich auch mit gewöhnlichen Zahlen multiplizieren, und zwar mit der gleichen geteilten Sorgfalt. Das Produkt aus 3 und **u** = (5;2) ist einfach **w** = (15;6). Wenn Multiplikation geht, dann geht auch Division. Der Vektor **u** = (5;2) geteilt durch 2 ist einfach das gleiche wie derselbe Vektor, malgenommen mit ½. Damit läßt sich jeder beliebige Vektor einheitlich in der Form von Vektorkomponenten und Einheitsvektoren beschreiben. Der Vektor **u** = (5;2) ist also einfach 5**i** + 2**j**, wobei der ursprüngliche Vektor sofort wieder auftaucht, sobald Vektormultiplikation und Vektoraddition ihre Arbeit getan haben. Multiplikation zuerst: 5**i** = 5 (1;0), was (5;0) ergibt, und 2**j** = 2 (0;1), was (0;2) ergibt. Jetzt die Addition: (5;0) + (0;2) ergibt den ursprünglichen Vektor, wie versprochen.

Es steckt viel mehr in der Vektorrechnung, als diese trockene Zusammenfassung scheinen läßt; mein Ziel ist es, ihre Struktur anzudeuten, indem ich über ihr Skelett spreche. Ein Aspekt dieses Skeletts sollte jedenfalls klar sein. Wenn Vektoren mit einem Ursprung und einer Einheit ausgestattet worden sind, dann bilden sie ein Koordinatensystem und stellen so dem Physiker eine Methode zur Verfügung, sich durch den gesamten Raum zu bewegen. Das System ist völlig lokal. Es ist daher völlig übertragbar. Ein Teil des Raumes läßt sich mithilfe des einen Vektorsystems beschreiben, ein anderer Teil mithilfe eines anderen Systems. Der Physiker hat damit Zugang zu multiplen Koordinatensystemen oder Bezugsrahmen. Diese lassen sich miteinander vergleichen und dann, mithilfe von Vektoroperationen, eins in das andere überführen oder *transformieren.* Wo zuvor nur ein einziges Koordinatensystem herrschte, gibt es jetzt viele Kopien dieses ursprünglichen Systems, die sich über den gesamten Raum hin vervielfältigen und dem Physiker ein unvergleichliches analytisches Werkzeug liefern.

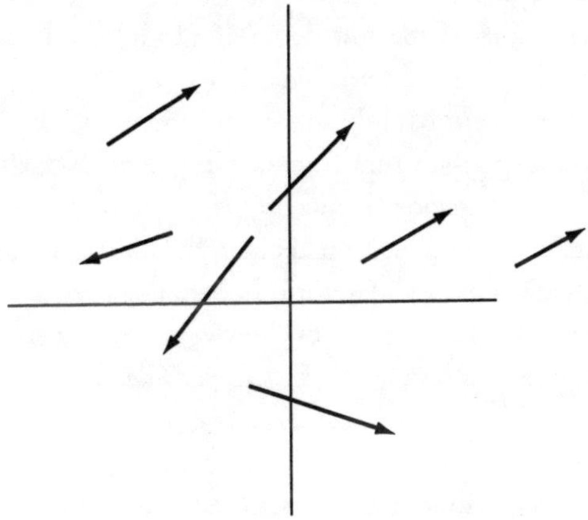

Vektoren als gerichtete Strecken oder Pfeile

Zusätzlich zu ihrer numerischen Verkörperung haben Vektoren eine zweite Gestalt als gerichtete Strecken in der Ebene oder, einfacher ausgedrückt, als unterschiedlich lange Pfeile. Wenn auch sekundär, so ist diese Interpretation doch von unschätzbarem Wert. Sie zeigt, wie es nur geometrische Figuren vermögen, daß Vektoren dem Raum tatsächlich eine lineare Struktur geben. Innerhalb dieser ganz sparsamen Struktur läßt sich praktisch jede Kurve, und damit auch jede Form von Bewegung entlang einer Kurve analysieren, wobei die geraden Linien eine Fülle von Informationen preisgeben, die weit über das hinausreichen, was ihr täuschend simples Erscheinungsbild vermuten läßt.

Ein Raumschiff hebt ab; seine Flugbahn ist ein sich prall blähender Bogen durch den Raum. Nach einer Weile passiert es den Mond und damit ein bestimmtes Koordinatenpaar im Raum. Auf derselben Flugbahn reist es weiter und berührt dabei den Mars, also ein weiteres Koordinatenpaar.

Die Pfeile, die die Erde mit dem Mond und die Erde mit dem Mars verbinden, sind die *Ortsvektoren* des Raumschiffs. Sie gehen von der Erde aus zum Mond, und sie gehen von der Erde aus zum Mars, und im Gegensatz zum Raumschiff gehen sie dorthin, wohin sie gehen wollen, in gerader Linie.

Pfeile erfüllen also schon einmal einen Vektor mit Leben, aber sie erfüllen auch etwas ganz anderes mit Leben. Ein Pfeil ist die räumliche Spur einer Entfernung, eines Abstands, und Abstand ist eine Quantität, etwas Meßbares, eine Eigenschaft der Welt, der sich eine gewöhnliche Zahl zuordnen läßt. Das ist etwas, was der Vektor ausdrückt. Wenn man weiß, daß das Raumschiff von der Erde losgeflogen und auf dem Mond angekommen ist, dann läßt sich der Abstand, den es von der Erde zum Mond *auf gerader Linie* bei seiner Reise überbrückt hat, mithilfe eines augenfälligen rechtwinkligen Dreiecks, des Satzes des Pythagoras und einer kleinen algebraischen Umformung leicht ermitteln. Das Ergebnis ist eine Zahl, die durch eine Formel ausgedrückt wird:

$$\sqrt{(\mathit{Seite}\ 1)^2 + (\mathit{Seite}\ 2)^2}$$

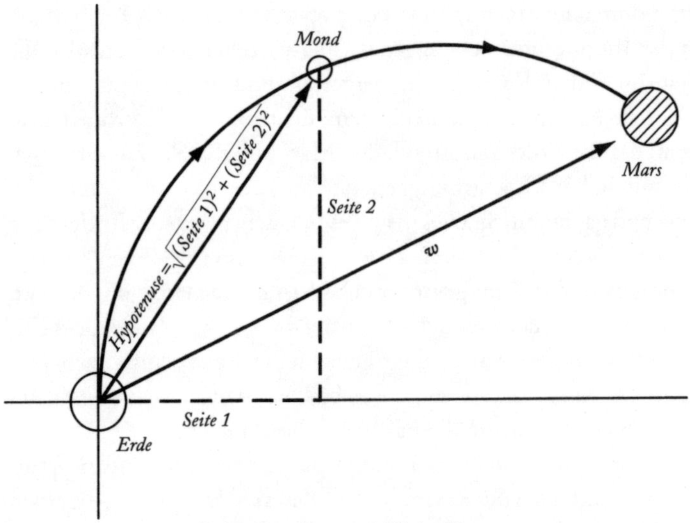

Bahn eines Raumschiffs im Raum

In einem Universum, in dem es auf Entfernungen ankommt, ist die Entfernung erfreulicherweise gerade wieder aufgetaucht.

Daß wir die Entfernung wiedergefunden haben, ist ein zu glücklicher Zufall, um Zufall sein zu können, und ist daher auch kein Zufall. Vektoren sind ihrer Natur nach in der Lage, einen *Betrag* wie auch eine Richtung wiederzugeben. Das macht sie zu äußerst wirkungsvollen Werkzeugen. Fast alle Kräfte in der mathematischen Physik zielen irgendwo hin – *Richtung*; aber sie sind auch irgendwohin gerichtet oder tun auch irgend etwas in einem bestimmten bezifferbaren Ausmaß – *Betrag*. In den Vektoren haben Mathematiker und Physiker ein einziges, blutdurchpulstes Herz mit zwei ganz verschiedenen Kammern entdeckt.

Zeit, Weg, Geschwindigkeit und Beschleunigung sind altbewährte Begriffe. Im vorliegenden Fall sind sie auch gleich wieder zur Stelle, gar nicht zerfleddert durch langen Gebrauch, sondern sogar bereichert durch ihr Eintauchen in ein größeres mathematisches System. In der Infinitesimalrechnung mit einer einzigen Variablen wird die Zeit direkt dem Raum gegenübergestellt und ist damit unmittelbar selbst in einem Koordinatensystem sichtbar. Das Koordinatensystem, das die Erde, den Mond, den Mars und das Raumschiff zeigt, das mit hoher Geschwindigkeit die lautlose Nacht durchmißt, ist ganz und gar räumlich. Dies macht es möglich, neben der Entfernung auch die Richtung abzulesen. Newtons Gesetz der absoluten Zeit legt allerdings fest, daß im gesamten Universum eine einzige Uhr tickt. Jede Frage nach der Zeit richtet sich auf diese Uhr. Solange diese Uhr weitertickt, ist es sinnvoll, die Flugbahn des Raumschiffs *sowohl* im Sinne der Kurve anzusehen, die es beschreibt, *als auch* im Sinne der Zeit, die es braucht, um diese Kurve zu beschreiben.

Vektoren stellen die Verbindung zur Zeit wieder her, indem sie als stetige Funktionen der Zeit auftreten. Das sind Hilfsmittel, die einen bestimmten Zeitpunkt nehmen und ein Zahlenpaar zurückgeben. Die universelle Uhr tickt, erreicht die Zeit t und weist die *Funktion* $\mathbf{u}(t)$ des Ortsvektors $\mathbf{u}$ an, die Werte der Koordinaten $(x_1;y_1)$ zu liefern.

Nachdem Funktionen wieder am Ruder sind, ergibt sich vieles gehorsam von selbst. Nachdem das Raumschiff den Mond passiert hat, erreicht es irgendwann später den Mars. Es ist, wie Physiker sagen, verschoben worden; es hat sich von einem Punkt des Raumes fortbewegt und einen anderen erreicht. Verschiebung ist einfach das geradlinige Protokoll einer Ortsveränderung: wo das Schiff gewesen ist – beim Mond – und wo es dann ankommt – beim Mars. Das ist nicht besonders geheimnisvoll, nicht geheimnisvoller als das Lesen einer gewöhnlichen Landkarte. Die Verschiebung *von* $\mathbf{u}$ (zum Mond) *zu* $\mathbf{w}$ (zum Mars) stellt eine Veränderung der räumlichen Position dar, und diese wird nun durch einen neuen Vektor $\mathbf{z}$ ausgedrückt, der nun wiederum die Differenz zwischen $\mathbf{u}$ und $\mathbf{w}$ ausdrückt. Ganz offenbar ist $\mathbf{u} + \mathbf{z} = \mathbf{w}$ und damit $\mathbf{w} - \mathbf{z} = \mathbf{u}$. Wie alle Vektoren hat $\mathbf{z}$ nicht nur eine Richtung, sondern auch einen Betrag – eine ihm intrinsisch ei-

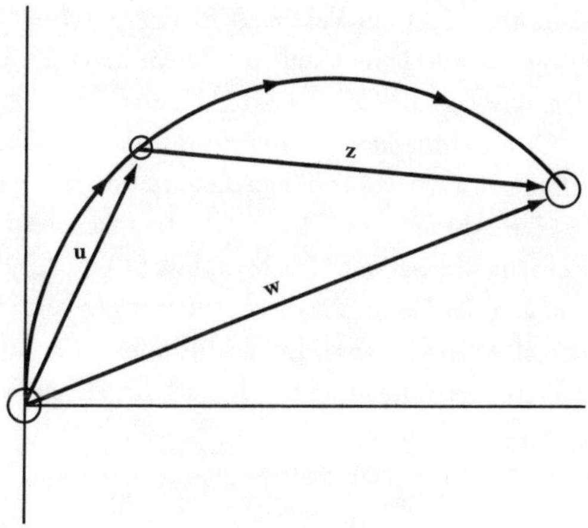

Vektorverschiebung

gene Länge – und damit eine intrinsische – eine *unausweichlich gegebene* – Beziehung zur Welt der natürlichen Zahlen.

Ortsvektor und Vektorverschiebung entsprechen Ort und Ortsverschiebung in der Infinitesimalrechnung. Auch die Geschwindigkeit ist so ein Begriff, der nach Mottenpulver riecht, aber die Motte entpuppt sich jetzt als Schmetterling der Vektorrechnung. Die vektorielle Durchschnittsgeschwindigkeit eines Teilchens ist einfach das Verhältnis von Ortsverschiebung zu Zeit, in diesem Fall $\mathbf{\Delta z}/\Delta t$. Weil dazu nicht mehr als die Multiplikation eines Vektors – $\mathbf{z}$ – mit einer Zahl – $1/\Delta t$ – erforderlich ist, ist das Ergebnis wieder ein Vektor, womit Vektoren eine hocherfreuliche Fähigkeit unter Beweis stellen, sich im Raum zu verpuppen.

Wenn Durchschnittsgeschwindigkeit in der Vektorrechnung einen Sinn ergibt, dann tut es auch die Momentangeschwindigkeit, der Grenzwert von Durchschnittsgeschwindigkeiten. Ist es merkwürdig, sich Geschwindigkeit so vorzustellen? Vielleicht. Schließlich ist Geschwindigkeit das Verhältnis von Weg zu Zeit und damit üblicherweise eine Zahl und nicht ein Vektor. Aber der Geschwindigkeitsvektor liefert die erforderliche Zahl mit einem gewissen irisierenden Glanz. Die tatsächliche Geschwindigkeit eines Teilchens ist der *Betrag* seines Geschwindigkeitsvektors, womit das zweikammerige Herz des Vektors nun auch wohlwollend die Intuition zufrieden stellt.

Genau dieselbe Abfolge von kleinen Änderungen und subtilen Perspektivwechseln wie bei der Geschwindigkeit binden jetzt auch die Beschleunigung ein. Wenn alle diese Änderungen vorgenommen und alle Wechsel vollzogen sind, ist die Infinitesimalrechnung auf wundersame Weise verwandelt, und jeder alte Begriff hat sich ganz und gar verpuppt.

Newtons *Principia* liefern ein großartiges Konzept zur Erklärung von Veränderung im Universum. Es ist durchaus kein einfaches Konzept, und daher ist es sehr hilfreich sich vorzustellen, daß Veränderung im Universum in verschiedenen Stufen auftaucht.

Abgesehen vom leeren Universum, bildet ein Universum, in dem es Zahlen und Funktionen gibt, die einfachste mögliche Struktur. Keine Uhr schlägt in dieser Welt; es gibt keine Veränderung; und nichts geschieht oder ist geschehen oder wird geschehen.

Zeit und Raum sind nötig, damit sich diese unerbittlichen, dunklen Umrisse zu einer lebendigen Welt runden. Newton verhalf ihr zur Existenz, indem er die Gesetze der absoluten Zeit und des absoluten Raumes aufstellte.

Die stetigen Funktionen liefern jetzt ein Protokoll der Änderung des Ortes in Hinblick auf die Änderung der Zeit. Es ist das Rot der Bewegung und damit der Veränderung, das die stetigen Funktionen beitragen und so im Raum verzeichnen, wo sie gewesen sind und wohin sie gehen.

Wenn die stetigen Funktionen der Zeichnung Farbe geben, so geben sie ihr auch Tiefe, und das über ihre Interpretation als die räumliche Spur eines bewegten Teilchens als eines *Massepunktes*. Das ist eine Interpretation, die durch die Breite ihres Geltungsbereichs Größe erlangt, denn die gewöhnliche Welt physischer Objekte (wie etwa unser Raumschiff eines ist) macht jetzt einer einzigen Art von idealisierten Gegenständen Platz, die dann wieder Platz macht für die stetigen Funktionen.

Solange die stetigen Funktionen die geometrische Aufzeichnung ihrer selbst in Form gerader Linien hinterlassen, und ausschließlich in Form gerader Linien, läßt sich die Frage, wohin sie gehen oder wo sie gewesen sind, vollständig in mathematischen Begriffen klären. Es bleibt die Frage, warum sie dahin gehen, wohin sie nun einmal gehen. Das ist eine Frage, die in der Newtonschen Mechanik unbeantwortbar bleibt. Massepunkte, die sich auf einer geraden Linie bewegen, bewegen sich auf einer geraden Linie, weil sie es ihrer Natur nach tun müssen. Das ist der Inhalt – und die Grenze – von Newtons Trägheitsgesetz.

Jetzt wird der Entwurf um Kurven erweitert, die Massepunkte bewegen sich in großen, weitgespannten Bögen oder folgen flachen Parabeln, um eine Strecke entfernt von dem Punkt zu landen, von dem sie aufgestiegen sind. Die Mathematik kann immer noch erklären, wohin diese Teilchen gerade unterwegs sind oder wo sie vorher gewesen sind, aber für die Frage, warum sie sich so bewegen, ist die Anrufung von Newtons Trägheitsgesetz unergiebig. Eine Kurve ist keine Gerade. Kraft ist erforderlich, um ein lineares Universum zu verformen. Das ist der Geltungsbereich von Newtons zweitem Gesetz. Und wenn die Kraft erst einmal an Ort und Stelle ist, erscheint ein ganz und gar *physikalisches* Universum, wobei Newtons drittes Gesetz garantiert, daß es Massepunkte gibt, die sich der nützlichen Tätigkeit hingeben, Kräfte von Ort zu Ort zu übertragen. Der Entwurf hat sich zu einer voll ausgemalten Leinwand mit vielen Einzelheiten gewandelt.

Das Koordinatensystem, in dem die Zeit dem Raum gegenübergestellt wird, macht jetzt einem rein räumlichen System in zwei Dimensionen Platz. Es zeigt einen Raum, der überzogen ist mit dem filigranen Netzwerk von Vektoren. Und die Vektoren sind es, die als Präparierbesteck bei der physikalischen Zergliederungsarbeit fungieren und, dank ihrer genial geglückten Schreibweise, Verbindungen in der physikalischen Welt offenbaren, die zu erkennen früher nur mit der ganzen genialen Kraft eines Newton möglich war.

Aufsteigend aus dem Ursprung eines Koordinatensystems, beschreibt ein Raumschiff oder ein Massepunkt eine Kurve im Raum. Die universelle Uhr tickt dabei, und während sie tickt, steigt auch der Ortsvektor des Massepunktes in gerader Linie vom Ursprung auf, um dessen Flugbahn an einem gegebenen Punkt zu berühren.

Und dort, und damit auch in diesem Augenblick, beginnen der mathematische und der physikalische Apparat der *Principia* auf wundersame Weise zu verschmelzen.

Ein Vektor ist eine gerade Linie, die Informationen über Richtung und Betrag vermittelt. Die Richtung des Ortsvektors ist ein Ort auf

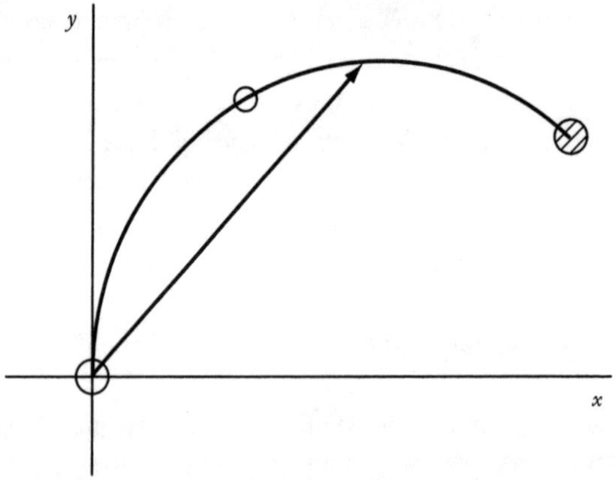

Ortsvektor eines Punktes auf der Flugbahn eines Teilchens

der Flugbahn des Teilchens, und die Spitze des Vektors berührt genau einen Punkt, den das Teilchen gerade einnimmt, und berührt jeden Punkt, den das Teilchen auf seiner Bahn gerade erreicht. Der Betrag des Vektors ist ein absolutes Maß für den Abstand des Teilchens vom Nullpunkt.

Dieser Ortsvektor ist nun eine gerade Linie im Raum und damit eine geometrische Figur, die nur leisten kann, was eine gerade Linie eben leistet, und das ist, zwei Punkte und damit zwei Orte miteinander zu verbinden. Ist nun die Wanderung des Ortsvektors, der sich über die Zeit hinweg verändert, vollständig aufgezeichnet, so kann der Physiker aus diesem Protokoll die gekrümmte Flugbahn des Teilchens ablesen. Das ist ein faszinierender Beleg dafür, daß Vektoren ihrer Natur nach in der Lage sind, eine Welt der Kurven der unnachgiebigen Strenge von Geraden zu unterwerfen.

Aber der Ortsvektor kann noch mehr, und er kann das dank der Tatsache, daß er von Natur aus einen doppelten Bezug herstellen kann. Der Ortsvektor ist eine einzige gerade Linie, ein eleganter Pfeil. Er hält eine geradlinige Veränderung fest. Seine Komponen-

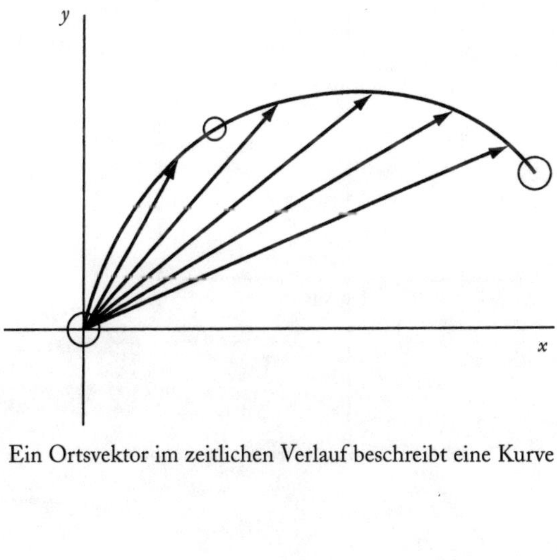

Ein Ortsvektor im zeitlichen Verlauf beschreibt eine Kurve

ten allerdings halten Ortsveränderungen auf der *x*-Achse und der *y*-Achse fest. Dieser Austausch zwischen dem Vektor selbst und seinen Vektorkomponenten ist etwas durchaus Vernünftiges. Das Teilchen hat sich in der *x*-Richtung bewegt, und es hat sich in der *y*-Richtung bewegt. Der Ortsvektor ist an jedem Punkt des Raumes die Vektorsumme seiner Komponenten.

Summen dieser Art lassen sich auf eine sehr attraktive Weise geometrisch interpretieren. Der Ortsvektor entspricht der Diagonale eines Parallelogramms (in einem rechtwinkligen Koordinatensystem eines Rechtecks), dessen ausgestreckte Seiten Positionen auf den beiden Achsen der Ebene markieren.

Die Zerlegung eines Ortes in seine Komponenten läßt sich wieder einmal auf die Geschwindigkeit und die Beschleunigung übertragen. Der Geschwindigkeitsvektor ist einfach ein Zahlenpaar und erlaubt einen doppelten Bezug. Und genauso der Beschleunigungsvektor. Und wenn das etwas ist, was sich mithilfe gerader Linien leicht erkennen läßt, die sich über die Ebene erstrecken, so ist es doch auch

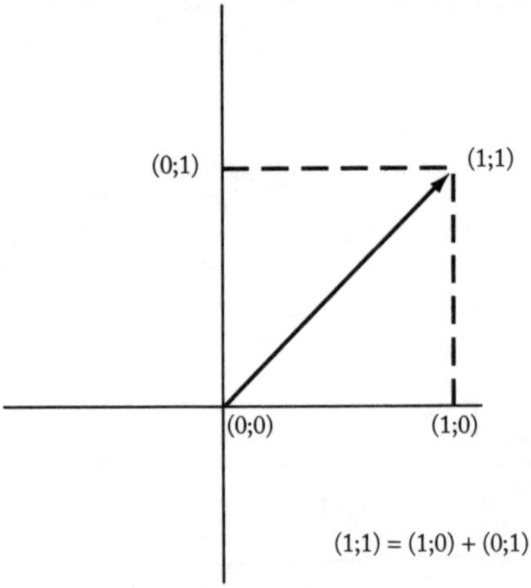

Vektoraddition aus seinen Komponenten

etwas, was Newton schon erkannte, denn seine komplizierten geometrischen Konstruktionen dienten genau denselben analytischen Zwecken.

Die Kurve der Flugbahn des Raumschiffs (oder des Masseteilchens) wird jetzt an jedem Punkt der analytischen Herrschaft von Vektoren und damit von geraden Linien unterworfen. Im Fall der Geschwindigkeit des Schiffes spalten Vektorkomponenten die Gesamtgeschwindigkeit des Schiffes in Teilgeschwindigkeiten in Richtung zweier räumlicher Dimensionen auf. Der eingebaute Geschwindigkeitsmesser des Schiffes zeigt seine Gesamtgeschwindigkeit; die innere Meßeinrichtung des Physikers zeigt, daß das Schiff so schnell unterwegs ist, wie es nun gerade unterwegs ist, weil es auf zwei ganz unterschiedlichen Achsen des Koordinatensystems gleichzeitig unterwegs ist. Seine Gesamtgeschwindigkeit ist die Vereinigung zweier unterschiedlicher Bewegungen, eine, die sich in anderer Form als Zerlegung eines Vektors in seine Komponenten und dann wieder die Vereinigung dieser Komponenten durch Vektoraddition darstellen läßt.

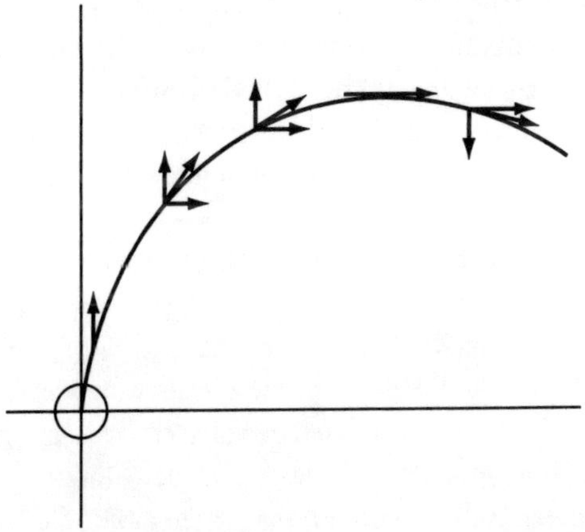

Vektoranalyse von Geschwindigkeit durch Zerlegung in Komponenten

Genau die gleiche Aufteilung der Bezüglichkeit, die für den Ort und die Geschwindigkeit gilt, gilt auch für die Beschleunigung.

Und damit auch – *daher also* auch – für die Kräfte, die auf das Schiff wirken. Newtons zweites Gesetz schmiedet eine Verbindung zwischen Kraft, Masse und Beschleunigung. Es ist diese Verbindung, die jetzt die Vektorrechnung erweitert, indem sie die Kraft selbst als Funktion der Zeit behandelt. Und sobald diese Erweiterung erst einmal hergestellt ist, gehen mathematische und physikalische Analyse nahtlos ineinander über.

Die Kräfte, denen ein bewegtes Objekt unterworfen ist, sind die Quelle und damit die Erklärung der Veränderung an diesem Objekt.

Und jetzt erlangt das, was bereits ein reich ausgemaltes farbenfrohes Bild war, den Glanz, den nur ein zusätzlicher Farbauftrag noch verleihen kann. Die Farbe wird mittels Komponenten aufgetragen. Eine einzige Gesamtkraft tut ihre Wirkung. Aber wie jeder Vektor, so hat auch dieser einen doppelten Bezug, indem ein bestimmter Betrag der Kraft entlang der einen Achse ausgerichtet ist und ein anderer Betrag an der anderen. Die Komponentenzerlegung verteilt einen Teil der Kraft auf die eine Achse und den anderen auf die andere und bündelt diese Teilkräfte, dank der Magie der Vektoraddition, wieder zu einer einzigen Vektorfunktion. Beide Kräfte sind im Effekt, als Produkt von Masse und Beschleunigung, stetige Funktionen der Zeit; sie wirken sich in Schritt und Takt mit dem Ticken der Weltuhr aus.

Die Kräfteteilung belohnt den Physiker nun mit einer Arbeitsteilung. Die Gesamtkraft, die auf ein Objekt wirkt, wirkt in *zwei* räumlichen Dimensionen. *Kraftkomponenten wirken nur in einer einzigen Dimension.* Das bedeutet, daß sich diese Teilkräfte oder Vektorkomponenten der Kraft ganz nach den gewohnten Bedingungen der Infinitesimalrechnung analysieren lassen, in der Funktionen Zahlenwerte zu anderen Zahlenwerten transportieren. Für die Dauer dieser Berechnungen verschwinden die Vektoren. Das erleichtert das Verstehen ungemein. Ein kompliziertes zweidimensionales Problem ist in ein Paar von einfacheren eindimensionalen Problemen aufgelöst worden. Danach kann die ursprüngliche Vektorkraft in einem Parallelogramm der Kräfte wieder hergestellt werden.*

Diese Arbeitsteilung verzweigt sich immer weiter nach unten während der gesamten Analyse und liefert so ein Hilfsmittel für die Interpretation von Kräften, Beschleunigung, Geschwindigkeit und Ort.

Die Analyse mithilfe von Komponenten mischt sich ins Privatleben der Kräfte ein und enthüllt ihre innere Struktur – eine Kraft geht hier entlang, die andere dorthin –, womit die Kunst des Physikers anatomisch in dem Sinne wird, daß sie die Bündel von Muskelfasern enthüllt, die in einem sanft und elegant bewegten Körperglied ihre getrennte Arbeit verrichten. Das ist eine Kunst, die ihrer Natur nach manchen Anschein als Illusion entlarven muß: Dieser so streichelbare Körperteil hat eine innere Struktur, die sich mit seiner Streichelbarkeit nicht so richtig verträgt. Im Fall der mathematischen Physik ist die Verabschiedung gewisser Illusionen eine wohl eher größere Überraschung. Kraft bewirkt eine Verformung der natürlichen Ordnung, indem sie bewegte Massepunkte zur Beschleunigung zwingt und damit in manchen Fällen dazu, eine im Raum gekrümmte Bahn zu beschreiben. Es sieht so aus, als sei die Welt damit bereichert. Wo es zuvor nur Geraden gab, gibt es jetzt Geraden und Kurven. Aber die Verformung, die von wirkenden Kräften ausgelöst wurde, wird von der Analyse der Kräfte wieder beseitigt. Vektoren sind gerade Linien. Und gerade Linien reichen für die Untersuchung von Veränderung aus. Damit sieht es so aus, als sei die Welt wieder hergestellt.

Wie bei jeder künstlerischen Wirkung ist es schwer zu beurteilen, was die Illusion ist und was die Realität. Das ist kaum eine Überraschung. Und es ist etwas sehr Wundervolles.

* Das auf Seite 142 gezeigte Diagramm läßt sich also als orthogonaler Fall eines Kräfteparallelogramms lesen.

Die Bahn des Mondes

Der mythische Apfel, der einst in Newtons Garten fiel, ist seitdem in winddurchwehten Gärten weit weg von Woolsthorpe gefallen, und das Echo seines Aufpralls hallte und hallte und hallt immer noch nach. Wir vernehmen diese Echos; man will uns glauben machen, daß wir ihre Bedeutung sehr wohl verstehen. Als junger Mann hatte Newton die Idee, die Schwerkraft ließe sich »bis zur Bahn des Mondes« ausdehnen. *Ja, ja,* wollen wir jetzt ungeduldig einwerfen. Die Erde zieht am Mond; der Mond zieht prompt in die andere Richtung. Es mag ja einmal sehr kühn gewesen sein, sich vorzustellen, daß ein und dieselbe Kraft den Äpfeln auf unserer Erde und dem Mond – sogar dem Mond! – einen handfesten Knuff verpaßt, aber mittlerweile ist die Gravitation, wie die Energie, bestens dafür bekannt, daß sie bestens bekannt ist. Man braucht nur zwei Fragen, um die Unangemessenheit der allgemeinen Überzeugung, wir hätten verstanden, was Newton da meinte, spürbar werden zu lassen. Warum genau muß es eigentlich die *Schwerkraft* sein, die am Mond zieht, wenn denn überhaupt etwas am Mond zieht? Das ist die erste Frage. Wenn denn dieses gegenseitige Ziehen zwischen Erde und Mond stattfindet, wie kommt es dann, daß der Mond nicht auf direktem Wege auf die Erde herabstürzt und mit ungeheurem Krach auf Iowa

City oder Tokio landet? Das ist eine zweite Frage. Es gehört nicht zu meinem Erfahrungsschatz, daß besonders viele Leute diese Fragen in sicherem Ton beantworten könnten. Newton beantwortete beide Fragen so vollständig, daß wir seine Untersuchungsergebnisse als selbstverständlich hinnehmen. Auch das ist ein Maßstab für seine Größe.

Zwanzig Jahre bevor Newton die *Principia* abschloß, beschrieb er die Bahn des Mondes im Sinne eines Gleichgewichts der Kräfte: Gravitationskräfte zogen den Mond nach unten, und Zentrifugalkräfte schleuderten ihn nach außen. Diese Analyse ist unzureichend, weil sie nicht allgemein genug ist. In den *Principia* ist es die Trägheitskraft, die das Verhalten des Mondes bestimmt. Zentrifugalkräfte werden nicht mehr gebraucht; sie sind sogar dazu bestimmt, in der Newtonschen Mechanik fortan als Fiktion zu gelten.

Das Trägheitsgesetz ist eine ganz und gar allgemeine Aussage. Im gesamten Universum sind gerade Linien das Natürliche. Alles andere kommt künstlich unter dem Einfluß von Kräften zustande. Was auch immer der Mond nun tut, er tut es, weil ihn etwas dazu gebracht hat, von der geraden Linie abzuweichen, der er von sich aus folgen würde. Auf seinem Weg durch die Nacht folgt der Mond einer beständigen Krümmung um die Erde herum, und er folgt ihr auf immer und ewig und bewegt sich auf einer Kreisbahn, weil es ihm das Schwerefeld der Erde unmöglich macht, sich auf einer geraden Linie zu bewegen, und er bewegt sich ohne anzuhalten, weil er seinen Impuls von einer Bahn auf die andere übertragen hat.

Diese Interpretation ist einfacher als die, die von Astronomen vor Kopernikus angeboten wurde. Nur eine einzige Klasse geometrischer Objekte – die Geraden – sind als natürlich ausgezeichnet. Sie ist einfacher und gleichzeitig allgemeiner als Newtons ursprüngliche Erklärung der Mondbewegung als eines Gleichgewichts der Kräfte –

einfacher, weil ein Gleichgewicht der Kräfte zwei Kräfte voraussetzt und eine Interpretation auf der Grundlage der Trägheit nur eine. Sie ist allgemeiner, weil sie ein Erklärungsmuster zur Verfügung stellt, das beträchtlich über die kreisförmige Bewegung hinausgeht und sich auf jede physikalische Situation erstreckt, in der Kräfte eine Veränderung bewirken.

Zu dem, was die Newtonsche Mechanik so großartig macht, gehört gerade auch die Tatsache, daß sich ihre theoretischen Ansprüche unmittelbar in lebendigen und einleuchtenden Bildern offenbaren. Jede Zeichnung gibt ein Geheimnis preis, und gerade hier gewinnt man viel überzeugender den Eindruck als an jeder anderen Stelle der *Principia*, daß man irgendwie die Gedanken miterlebt, die Newton wirklich hatte, als er das Firmament seiner Vorstellungskraft unterwarf.

Newtons Analyse setzt also mit dem Trägheitsgesetz ein. Die natürliche Flugbahn des Mondes am Himmel ist eine gerade Linie.

Auf diesem Weg auf einer geraden Linie bewegt sich der Mond mit einer bestimmten gleichbleibenden Geschwindigkeit. Die Geschwindigkeit bleibt gleich, weil keine Kräfte sie beschleunigen oder verlangsamen.

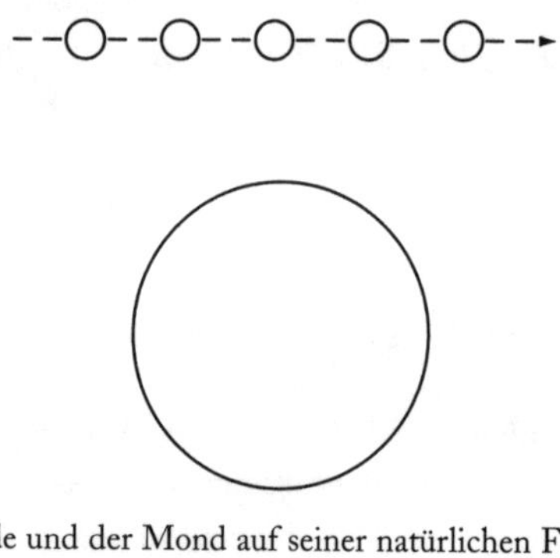

Die Erde und der Mond auf seiner natürlichen Flugbahn

Und jetzt kommt ein beobachtetes Faktum. Der Mond umkreist die Erde.

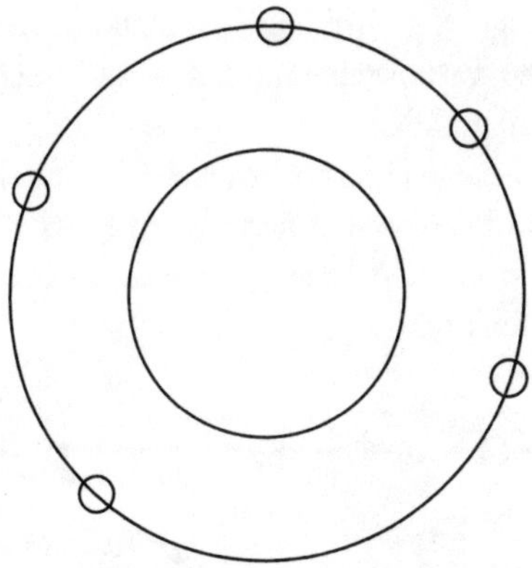

Die kreisförmige Umlaufbahn des Mondes

Sofort kommt die Schlußfolgerung aus dem ersten und zweiten Bewegungsgesetz. Wenn die Bahn des Mondes nicht gerade verläuft, muß es eine Kraft geben, die seine Bahn verformt.

Aber wenn die Umlaufbahn des Mondes kreisförmig ist, dann muß die Kraft, die die Mondbahn verformt, eine zentripetale Kraft sein. Sie hat ihren Ursprung in der Mitte der Erde. Dieser Schluß folgt aus Newtons allgemeiner Analyse der kreisförmigen Bewegung. Jedes Objekt, das sich auf einer Kreisbahn um einen fixen Punkt bewegt, unterliegt einer zentripetalen Kraft. (Bei einem üblichen Karussell beispielsweise liefert die stählerne Verbindungsstrebe, die das bewegte Karussellpferd mit dem Mittelpunkt des Karussells verbindet, die Kraft, die das Pferd festhält. Nähme man die Verbindungsstrebe plötzlich weg, würde das Pferd seiner natürlichen Bahn folgen.)

Newton berief sich jetzt auf sein zweites Gesetz zum zweiten Mal. Kraft ist erforderlich, um die Bahn des Mondes abzulenken; aber

Kraft zeigt sich in der Natur als Beschleunigung. Daraus folgt, daß der Mond zu jedem gegebenen Zeitpunkt auf den Mittelpunkt der Erde hin beschleunigt wird.

Diese Schlußfolgerung wirft nun wirklich ein Rätsel auf. Wenn der Mond auf den Erdmittelpunkt hin beschleunigt wird, warum stürzt er dann nicht auf die Erde?

Die Antwort steckt in einer weiteren Zeichnung. Der Mond fällt beständig von dem Punkt seiner natürlichen Flugbahn, den er ohne andere Einwirkung erreicht hätte, zum Punkt seiner Umlaufbahn, den er wirklich erreicht.

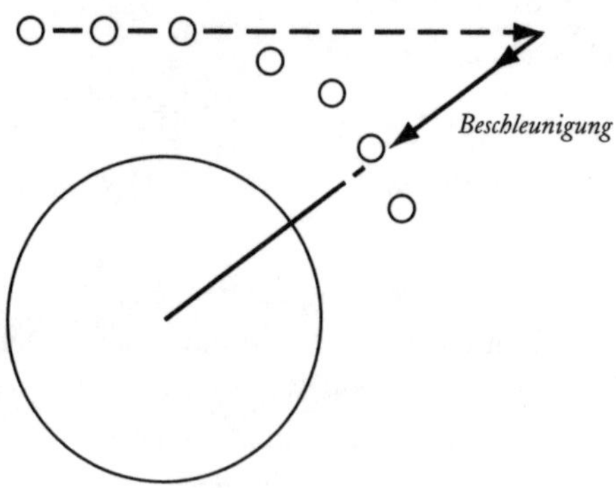

Die Beschleunigung des Mondes

Er fällt daher zu jedem gegebenen Zeitpunkt, und er fällt damit für immer und ewig, ohne je auf die Erde zu fallen.

Die Schlußfolgerungen bündeln sich weiter. Die Beschleunigung des Mondes stellt einen meßbaren physikalischen Parameter dar.

* Die Zeichnung ist natürlich nicht maßstabgerecht, und im besonderen erfolgt die Beschleunigung des Mondes stets im rechten Winkel zu seiner tatsächlichen Flugbahn. Genauer finden Sie das auf S. 217–220.

Unter Verwendung der Keplerschen Gesetze und der Annahme, daß der Mond sich in Beziehung zur Erde genauso verhält wie ein Planet in Beziehung zur Sonne, zeigte Newton als nächstes, daß die Beschleunigung des Mondes von einer dem Quadrat des Abstands umgekehrt proportionalen Kraft beherrscht wird. Dieser Schluß ist nicht besonders kompliziert, und er ist ganz und gar natürlich.

Jetzt folgt der letzte großartige Schritt. Nach einer analytischen Bewertung der Kraft, die die Flugbahn des Mondes zu ihrer tatsächlichen Bahn verformt, verglich Newton den Betrag dieser Kraft mit dem Betrag der Schwerkraft, wie sie sich auf der Erdoberfläche auswirkt. Er fand heraus, daß der zentripetale Zug am Körper des Mondes, wenn man seine Abnahme entsprechend der Entfernung berücksichtigte, und die Kraft, mit der die Gravitation auf irdische Objekte wirkt, genau dieselbe Größe hatten; und er folgerte daraus, daß beide ein und dieselbe Kraft darstellten.

In einem einzigen großen Denkakt lieferte Newton eine Analyse der Bewegung des Mondes um die Erde und eine Bestätigung der These, die er so viele Jahre früher aufgestellt hatte, daß die Schwerkraft nämlich sich ausdehnen ließe »bis zur Bahn des Mondes«.

Das Weltsystem

Der Mond und die Planeten treten jetzt in den Hintergrund. Ein kleiner Rückblick ist angezeigt. Newtons Bewegungslehre faßte erfolgreich, bündig und in glänzender Weise den reichhaltigen Bestand astronomischer und theoretischer Einzeldaten zusammen, der im Verlauf von zwei Jahrhunderten von Tycho Brahe, Nikolaus Kopernikus und Galileo Galilei zusammengetragen worden war. Das allein wäre schon eine atemberaubende Leistung des reinen Denkens gewesen, denn Newton demonstrierte, daß die ganz abstrakten Prinzipien, die sich in seinen Bewegungsgesetzen verkörperten, das latente Vermögen in sich trugen, die Bewegung des Mondes am Nachthimmel und die himmlischen Bahnen der Planeten zu bestimmen. Aber die Prinzipien, die Newton anführte, leisteten sehr viel mehr. Wie in einer Kaskade lösten sie eine Abfolge ungeheuer produktiver Definitionen aus. Der alte physikalische Begriff der *Arbeit*, beispielsweise, läßt sich in den Newtonschen Begriffen von Kraft und Weg definieren. Eine Ameise, die mit ihren angespannten Zangen ein Getreidekorn festhält, leistet Arbeit, um das Korn vorwärts zu bewegen; Kraft wird eingesetzt und ein Weg zurückgelegt. Aber wenn Arbeit sich in Newtonschen Begriffen definieren läßt, läßt sich auch Energie so definieren, und mit dem Feststehen dieser Definitionen wird die Erhaltung der Energie erstmals als Prinzip der theoretischen Physik zugänglich. Diese Definitionen haben sich inzwischen verbreitet und sind erweitert worden, so daß sie praktisch jeden Aspekt des Verhaltens von materiellen Objekten abdecken und erklären, die größer sind als ein Atom und kleiner als das Universum.

Wenn einerseits Newtons Gesetze den Physiker weiter und weiter in theoretische Ausarbeitungen hineinführen, so führen sie andererseits den Ingenieur auf das Studium einfacher und nützlicher mechanischer Hilfsmittel zurück. Newtons eigene Bemerkungen dazu sind unübertroffen konzis: »Das Vermögen und der Nutzen von Maschinen besteht allein darin, daß wir, indem wir die Geschwindigkeit vermindern, die Kraft erhöhen können, und umgekehrt; von wannen wir in anständig gebauten Maschinen jeder Art die Lösung dieses Problems vor uns haben: *Ein gegebenes Gewicht mit einem gegebenen Vermögen*, oder mit einer gegebenen Kraft, *so zu bewegen*, daß jeder sonst gegebene Widerstand überwunden wird. Denn wenn Maschinen so ausgelegt sind, daß die Geschwindigkeiten des Agens und des Resistierenden reziprok ihren Kräften sind, so wird das Agens das Resistierende eben ausgleichen, es aber bei größerer Disparität der Geschwindigkeit überwinden.«

Das ist bemerkenswert, um so mehr, als Newton gleich hinzufügt, ein wenig brüsk, »die Mechanik [d. h. die angewandte] zu behandeln, ist nicht mein gegenwärtiges Anliegen«. Ja, wie denn auch, könnte ich dazu sagen. Maschinen sind einfach deswegen nicht Newtons gegenwärtiges Anliegen, weil alles, was an Maschinen interessant sein könnte, aus seinem wirklichen Anliegen folgt – und das liegt in der Untersuchung von Kraft und Masse und in den Begriffen, die nötig sind, um *sie* ordentlich zu analysieren.

Welche theoretischen oder praktischen Konsequenzen auch immer Newton aus seinen Bewegungsgesetzen ableitete, seine kühnste Behauptung über das Universum verdankte sich jedenfalls einem Quell der Intuition, der dem logisch-analytischen Denken allein nicht zugänglich ist. Sein Bericht kommt mit der Wucht einer majestätisch angelegten Schilderung daher. »In den vorangehenden Büchern [der *Principia*]«, so beginnt er, »habe ich die Prinzipien der Philosophie niedergelegt, Prinzipien nicht philosophischer, sondern mathematischer Art; nämlich so geartete, daß wir darauf die Entwicklung unserer Gedanken in philosophischen Dingen gründen dürfen. Diese Prinzipien sind die Gesetze und Bedingungen gewisser Bewegungen und Mächte oder Kräfte, die in der Hauptsache einen Bezug auf die Philosophie nehmen; aber auf daß sie nicht aus sich selbst heraus allzu trocken und spröde scheinen möchten, habe ich sie hie und da mit einigen philosophischen Scholien illustriert und dabei Dinge allgemeinerer Natur angesprochen, wie sie im wesentlichen die Grundlage der Philosopie zu bilden scheinen ...«

»Es bleibt noch«, stellt er dann weiter fest, »daß ich jetzt aus den nämlichen Prinzipien heraus den Rahmen des Weltsystems erweise.« Viele Biographen Newtons haben auf diesen Satz hingewiesen und angemerkt, daß er, geschrieben von jedem anderen, reine Anmaßung gewesen wäre.

Es ist das allgemeine Gravitationsgesetz, das Newton als den Rahmen des Universums ansah, und was dieses Gesetz besagt, ist ganz einfach. Jedes materielle Objekt zieht jedes andere materielle Objekt mit einer Kraft an, die proportional zu seiner Masse und umgekehrt proportional zum Quadrat des Abstands zwischen ihnen ist. Der mathematische Ausdruck dafür mutet so vertraut an wie ein Satz in einer unvollständig beherrschten Sprache:

$$F = \frac{Gm_1m_2}{r^2}$$

Das ist Newtons Gravitationsgesetz. F bezeichnet natürlich die Kraft zwischen den beiden Körpern, m_1 und m_2 ihre Massen, r den

Abstand zwischen ihnen, und *G* (manchmal auch mit γ bezeichnet) ist eine allgemeingültige Zahl, weil es sich um eine Universalkonstante handelt, die überall und für alles denselben Wert besitzt.

Das Gravitationsgesetz bildet den Rahmen des Universums, weil sein Anwendungsbereich sich auf jeden materiellen Gegenstand erstreckt, größer oder kleiner, hier oder dort, bis zum äußersten Ende des Kosmos. Wenn wir einen Zoom auf die Grenze von Raum und Zeit richten könnten, dann würde ein Teilchen dort, das nicht größer ist als ein Kieselstein, dennoch eine spürbare Kraft auf die Erde ausüben, weil alle materiellen Körper in allen Weiten des Raumes einander an sich binden und aneinander gebunden sind in einer Art von Bindung, die in jeglicher Hinsicht außer der mathematischen unergründlich ist.

Newtons Aufstellung des allgemeinen Gravitationsgesetzes rekapituliert die Hauptargumente der *Principia* selbst und stellt so eine natürliche Progression dar. Der aus der Ferne kaum noch funkelnde Kern des Gedankengangs liegt weit zurück, im ersten Buch der *Principia*. Dort war es ihm gelungen, die Mondbewegung wie auch die der Planeten im Sinne einer zentripetalen Anziehungskraft zu analysieren. In Buch III erinnert sich nun Newton an die Entwicklung des eigenen Gedankengangs. Daher SATZ I:

> Daß die Kräfte, durch die die circumjovialen Planeten beständig von geradlinigen Bewegungen abgelenkt und auf ihren tatsächlichen Bahnen gehalten werden, auf das Zentrum des Jupiter gerichtet und umgekehrt proportional den Quadraten der Abstände der Orte jener Planeten von diesem Zentrum sind.

Die Aussage von SATZ II ist von der gleichen Erkenntnis getragen:

> Daß die Kräfte, durch die die primären Planeten beständig von geradlinigen Bewegungen abgelenkt und auf ihren tat-

> sächlichen Bahnen gehalten werden, auf die Sonne gerichtet und umgekehrt proportional den Quadraten der Abstände der Orte jener Planeten vom Zentrum der Sonne sind.

Und noch einmal das gleiche Ergebnis, SATZ III:

> Daß die Kraft, durch die der Mond auf seiner Bahn gehalten wird, auf die Erde gerichtet ist und umgekehrt proportional dem Quadrat seines Ortes vom Zentrum der Erde ist.

Die Monde des Jupiter, die Planeten des Sonnensystems, der Mond selbst – sie alle werden gleichermaßen im Sinne einer auf eine zentrale Quelle gerichteten zentripetalen Anziehung interpretiert.

SATZ IV ist deutlich anders formuliert, und Newton sagt jetzt:

> Daß der Mond zur Erde hin angezogen wird und von der Schwerkraft beständig von einer geradlinigen Bewegung abgelenkt und auf seiner tatsächlichen Bahn gehalten wird.

Die Anziehungskraft, auf die er sich hier beruft, ist sicherlich eine zentripetale Kraft, aber jetzt wird sie mit der Schwerkraft identifiziert, der auch Gegenstände auf der Oberfläche der Erde selbst unterliegen, wobei Newton bewußt vom Ausdruck »der Mond wird zur Erde hin angezogen«, der lediglich seine Richtung beschreibt, zum Ausdruck »Schwerkraft« übergeht, der die Art der Kraft beschreibt, die seine Richtung bestimmt.

Hier, im Rahmen seines vierten Satzes, kommt Newton dem Zentrum seiner Überlegungen nahe. Experiment und theoretische Analyse hatten ihm bereits gezeigt, daß die wie immer geartete Kraft, die den Mond nach unten zieht, experimentell genau der Kraft entsprach, der gewöhnliche Objekte an der Erdoberfläche unterliegen. In einem wunderbar präzis angelegten Gedankenexperiment führt er nun aus, daß das, was seine Experimente ergeben hatten, auch tatsächlich der Fall sein muß.

Denken wir uns doch einmal, schlägt er vor, daß die Schwerkraft die eine Kraft ist, und die Kraft, die den Mond anzieht, eine ganz andere, die bei experimenteller Nachprüfung rein zufällig genau dieselbe Stärke hat; nehmen wir als nächstes an, daß mehrere Monde um die Erde kreisen. Einer von ihnen – die Annahmen mehren sich – sei klein genug, daß er gerade eben über die Spitze des höchsten Bergs hinwegfliegt. Und jetzt wird er, immer kraft des Gedankenexperiments, in seiner Flugbahn abrupt angehalten.

Was passiert? fragt Newton.

»Er würde«, antwortet Newton in einem Ton des gesunden Menschenverstands, der so gar nicht zur tatsächlichen Tiefe seiner Ausführungen paßt, »auf die Erde herabfallen, und zwar mit der gleichen Geschwindigkeit, mit der überhaupt schwere Körper in Wirklichkeit von der Höhe nämlicher Berge fallen, wegen der Gleichheit jener Kräfte, die ihnen auferlegen, nach unten zu fallen.«

Das ist ein so überzeugend plausibles Bild – ein kleiner Mond stürzt gemeinsam mit, sagen wir mal, einem großen Felsbrocken herunter, und beide fallen mit genau derselben Geschwindigkeit –, daß die Schlußfolgerung daraus einen Augenblick lang verborgen bleibt.

Aber nur einen Augenblick lang. »Und wäre die Kraft, die diesen niedrigsten Mond zum Herabfallen brächte, eine andere als die Schwerkraft, und würde dieser Mond von der Erde angezogen, wie wir es bei irdischen Gegenständen auf Berggipfeln finden, dann würde er mit doppelter Geschwindigkeit herabstürzen, weil beide diese Kräfte jetzt zusammenwirken und ihn dazu zwingen würden.«

Experiment und reines Denken sind in dieser traumartigen Sequenz eine vollkommene Verbindung eingegangen, wobei das Experiment erweist, daß die Kräfte, die den Mond anziehen, den gleichen Betrag haben wie die Schwerkraft, und das reine Denken erweist, daß, wenn dem so ist, beide Kräfte tatsächlich identisch sind.

In wenigen trockenen Sätzen hat Newton das tiefste Prinzip seiner Mechanik ausgedrückt – die Identität von schwerer und träger Masse.

Das Voranschreiten über vier Sätze hat zum Begriff der Schwereanziehung zwischen Erde und Mond geführt; in SATZ V wird dieser Begriff ausgedehnt, wobei die Erweiterungen in rhythmischen Trommelschlägen aufeinander folgen:

> Daß die circumjovialen Planeten zum Jupiter hin angezogen werden; und die circumsaturnalen zum Saturn hin; die circumsolaren zur Sonne hin; und von den Kräften ihrer Gravitation von der geradlinigen Bewegung abgelenkt und in curvilinearen [stetig gekrümmten] Umlaufbahnen gehalten werden.

Die Tragweite dieses Trommelschlags ist zu gewichtig, als daß man sie einer ersten Lektüre überlassen dürfte; in seiner Scholie (oder Auslegung) zu SATZ V sagt Newton:

> Die Kraft, die die Himmelskörper in ihren Umlaufbahnen hält, ist bisher zentripetale Kraft genannt worden; aber nachdem es nun ganz klar gemacht worden ist, daß es sich um keine andere als eine Kraft der Schwereanziehung handelt, wollen wir sie von nun an Gravitation nennen.*

* Erst nach und nach habe ich den Aufbau der *Principia* zu verstehen gelernt, und dabei hat mir S. Chandrasekhars Buch *Newton's Principia* (Oxford, 1995) sehr weitergeholfen. Könnte dieses überragende Buch nicht ein Register bekommen?

Die Sätze, die ich zitiert habe, stehen für eine Denkanstrengung höchster Subtilität. Die zentripetalen Kräfte alter Denkungsart haben sich endgültig verabschiedet. Statt einer einwärts gerichteten Kraft, die den Mond zur Erde oder die Erde zur Sonne hin anzieht, gibt es eine beidseitige Kraft, die den Massen von Erde und Mond, Erde und Sonne proportional ist. Newtons erstes Bewegungsgesetz schuf ein Universum, in dem Körper sich entweder in Ruhe befanden oder sich auf geraden Linien bewegten. Das taten sie von Natur aus, und Kraft wurde benötigt, um ihre Beschleunigung herbeizuführen. Newtons zweites Gesetz schmiedete eine Verbindung zwischen Kraft, Masse und Beschleunigung. Die Kraft, die erforderlich ist, um ein Objekt zu beschleunigen, ist proportional zu dessen träger Masse. Je größer die träge Masse, desto größer die Kraft, die benötigt wird, um das Verhalten des Objekts zu verändern. Es ist die *träge Masse* eines Objekts, die seinen hartnäckigen Widerstand gegen Veränderung ausdrückt, und eben weil ein Objekt träge Masse besitzt – eine Art inhärenten Phlegmas – muß überhaupt erst einmal Kraft aufgewendet werden, um sein Verhalten zu ändern.

Die Kräfte, die man für die Formulierung von Newtons zweitem Gesetz braucht, sind vollkommen abstrakt; nicht so die Kraft, die in seinem allgemeinen Gravitationsgesetz erscheint. Diese Kraft hat ihren Ursprung in der Materie selbst und wirkt als der höchste Ausdruck der Neigung materieller Objekte, sich zueinander hin zu bewegen. Es ist die *schwere Masse* eines Objektes, die seine ihm naturgegeben innewohnende Anziehungskraft ausdrückt. Und die Schwerkraft ist, wie die Trägheitskraft, proportional zur Masse eines Objekts.

Zwei ganz verschiedene Begriffe sind hier ins Spiel gekommen – Widerstand gegen Veränderung und die Fähigkeit zur Anziehung.

So sieht es zumindest aus.

Aber der Schein trügt. Schwere und träge Masse sind identisch. Die einem Objekt gegebenen Fähigkeiten zur Anziehung sind dieselben wie die ihm gegebenen Fähigkeiten zum Widerstand; Begehren läßt sich in Widerstreben messen, ganz wie man es auch aus anderen Gründen erwarten könnte.

Nachdem die vorbereitenden Sätze aufgestellt und ratifiziert worden sind, präsentiert Newton den entscheidenden Satz der *Principia*, den SATZ VII:

> Daß es ein allen Körpern zugehörendes Vermögen der Gravitation gibt, das proportional zur jeweiligen Quantität der Materie ist, welche sie enthalten.

Die Rechtfertigung, die jetzt folgt, ist gemessen, klar und triumphierend:

»Daß alle Planeten voneinander angezogen werden, haben wir bereits zuvor bewiesen; desgleichen daß die auf jeden einzelnen von ihnen gerichtete Kraft der Gravitation, für sich betrachtet, dem Quadrat der Entfernung eines Ortes zum Zentrum der Planeten reziprok ist. Und daher [aus bereits angeführten Sätzen] folgt, daß die Gravitation, die auf alle Planeten gerichtet ist, proportional zu der Materie ist, die sie enthalten.

Da überdies alle Teile eines beliebigen Planeten A zu einem beliebigen Planeten B hingezogen werden; und da die Gravitation jedes Teils sich zur Gravitation des Ganzen verhält wie die Materie des Teils zur Materie des Ganzen; und da ferner (nach dem dritten Gesetz) jeder Wirkung eine gleiche Gegenwirkung entspricht; wird also der Planet B, andererseits, zu allen Teilen des Planeten A hingezogen werden; und seine auf jeden Teil desselben gerichtete Gravitation wird sich zur auf das Ganze gerichteten Gravitation verhalten wie die Materie des Teils zur Materie des Ganzen.«

Mit diesem Satz gelangte die westliche Wissenschaft mit einem

Schlage von ihren Anfängen zum Zustand der vollen Reife. Zum ersten und einzigen Mal in den *Principia* schloß Newton den SATZ VII mit den Buchstaben QED – *quod erat demonstrandum.* Jetzt ist es bewiesen.

Der Begriff der Gravitation, den Newton in den *Principia* einführte, ist fruchtbar und mysteriös zugleich und damit die gelungene Metapher für die rationale Forschungstätigkeit selbst. Die Gravitation, wenn auch über große Entfernung hin sehr schwach, ist die einzige Kraft, die von einem Ende der Schöpfung bis zum anderen reicht. Aber die Gravitation, so schwach sie auch ist, hat Zeit, ihre Wirkungen zu entfalten, da sie sich in kosmologischen Maßstäben entfaltet und ihre Macht Stückchen für Stückchen aufläuft, während die universelle Uhr das Verstreichen der Sekunden, der Minuten, der Stunden und dann der Äonen anzeigt. Die Gravitation ist daher die einzige Kraft, die in der Lage ist, die großräumigen Strukturen des Universums zu erklären. In einem Universum ohne Gravitation würde sich die Materie einfach im Raum zerstreuen. Das Universum, in dem wir uns befinden, ist eines, in dem die Materie in tiefgründigen räumlichen Mustern organisiert ist. Objekte wie die Sonne und die Erde bewahren ihren Zusammenhalt in erster Linie deshalb, weil die Gravitation ihre Teile daran hindert, sich voneinander zu trennen. Außerhalb des Sonnensystems verraten Sternsysteme den Einfluß einer intrinsischen koordinierenden Kraft, und ihre Form ist eine Widerspiegelung – und oft eine genaue Widerspiegelung – ihrer wechselseitigen Anziehung. Die großen Galaxien, in denen Milliarden von Sternen sich am Nachthimmel zusammenscharen wie Tiere, erweisen sich durch ihre Gestalt als ebenso befangen in den steten Mühen der Gravitation, in denen Materie, wo immer im Universum sie sich befindet, sich auf andere Materie zubewegt, gezwungen von einer uralten und unwiderstehlichen Kraft.

Wenn die Gravitation vieles erklärt, das sonst ein Rätsel geblieben wäre, so ist sie doch auch eine Erklärung, die sich selbst als Rätsel vollzieht. Gravitation wirkt über die Entfernung hinweg, und sie wirkt unverzüglich. Keine andere Naturkraft scheint sich so zu verhalten. Eine Kraft mit solchen Eigenschaften ist wohl kaum eine mechanische Kraft, selbst wenn sie von materiellen Körpern ausgeht. Was vielleicht genauso erstaunlich ist, ist der nicht reduzierbare Charakter der Gravitation. Es gibt innerhalb der Newtonschen Mechanik keine Erklärung für die Kraft der Gravitation im Sinne anderer Kräfte – etwa der Bewegung oder der Verteilung von Teilchen. Gravitation ist, was sie ist; sie läßt sich nicht in einfacheren Begriffen oder unter Berufung auf die elementareren Bestandteile der Materie erklären. Wir sind vertraut mit der Gravitation durch ihre Wirkungen; wir verstehen die Gravitation mithilfe ihrer mathematischen Formulierung. Darüber hinaus verstehen wir nichts.

Das galt, als Newton schrieb; es gilt auch heute.

Der Gefangene seiner eigenen Tarnung

Die Veröffentlichung der *Principia* im Jahr 1687 sicherte Newtons Ruf. Er wurde bekannt und dann berühmt. Das Buch wurde von Anfang an als Meisterwerk erkannt. Mathematiker und Physiker studierten es genau, kurze Zeit später lasen es auch Philosophen und Schriftsteller. Diejenigen, die wie John Locke seine Prämissen teilten, fanden in ihm einen Verbündeten, und diejenigen, die wie Gottfried Leibniz seine Prämissen verwarfen, einen Gegenspieler; aber ob Newton nun als Verbündeter oder als Gegenspieler erschien, er war in jedem Fall so nachdrücklich präsent, daß man ihn schlecht ignorieren konnte.

Die Publikation der *Principia* war durchaus keine einfache Sache. Als Dr. Halley der Royal Society das Manuskript präsentierte, zögerte Robert Hooke keinen Augenblick und beschuldigte Newton des Plagiats, erblickte er doch in Newtons Behandlung des Gesetzes vom umgekehrten Abstandsquadrat einfach die Ausarbeitung von Gedanken, die er selbst bereits seit langem gehegt, aber nie richtig ausgeführt hatte. Sein Gefühl tiefer Verletztheit war nicht ganz unberechtigt; Hooke hatte tatsächlich schon einen Blick auf das geworfen, was jetzt Newton sah. Hooke mochte unbescheiden, eitel, prahlerisch und taktlos sein, ein Dummkopf war er jedoch nicht; und hätte Newton auf seine Beschwerden mit gutmütiger Großzügigkeit reagiert, so hätte er Hookes Ruf gefördert, ohne dem eigenen im mindesten Abbruch zu tun. Halley setzte sich bei Newton für Hooke ein und erinnerte ihn daran, daß Hooke ein kranker Mann war. Ebensogut hätte er das Meer beschwören können, sein Salz herzugeben. Newton war unfähig zu geistiger Großzügigkeit. Die Kräfte, die ihm erlaubten, schöpferisch zu sein, zwangen ihn auch zur Zerstörung. In trotziger Wut zog er sich in sein Arbeitszimmer zurück und tilgte Hookes Namen gänzlich aus den *Principia*. Hooke sollte diese Beleidigung niemals vergessen, und Newton sollte Hooke niemals vergeben. Als Hooke siebzehn Jahre später starb, übernahm Newton dessen Stuhl als Präsident der Royal Society. Er ordnete unverzüglich an, Hookes Portrait zu vernichten.

Und so geschah es.

Wenn auch die Veröffentlichung der *Principia* im Juli 1687 Newton berühmt machte, im Februar des Jahres war er noch keineswegs politisch unverwundbar. Jakob II. herrschte über England, und er herrschte als Katholik. Als er die Universität anwies, einem Franziskanermönch namens Alban Francis den Titel des Magister Artium zu verleihen, schaffte es der König mit dieser grandios verfehlten Geste, die religiösen Empfindlichkeiten der Universität in Aufruhr zu bringen, ohne irgend etwas dazu zu tun, ihr kollektives Gewissen zu besänftigen. Die Universität protestierte zunächst, dann rebellierte sie, und die Akademiker, sonst eher ein hasenfüßiger Menschenschlag, trafen eine ebenso unerwartete wie unkluge Wahl, als sie Newton zum Verfechter ihrer Sache machten. Natürlich behielt Newton den Kern seiner religiösen Überzeugungen für sich; es besteht ein erheblicher Unterschied zwischen einer antikirchlichen Haltung und Ketzerei. Nachdem er seinen Glauben so lange geheim gehalten hatte, hielt er ihn bis zum Ende geheim; so konnte er mit der Gefahr spielen, ohne in die Katastrophe zu laufen. In den letzten Jahrzehnten des siebzehnten Jahrhunderts waren Männer wegen sehr viel geringerer Verfehlungen hingerichtet worden, als der Arianismus es war. Die glorreiche Revolution von 1688, die mit der Vertreibung von Jakob II. und der Thronbesteigung durch die Stuarts der katholischen Minderheit Englands die Möglichkeit zugestand, sich mit großer Überzeugung und wenig Einfluß zu äußern, rechtfertigte seine Unnachgiebigkeit, ohne deren Quelle zu offenbaren.

Das Ergebnis dieser Furchtlosigkeit war, daß Newton ins Parlament entsandt wurde – eine Ehre, die ebenso gut gemeint wie fehl am Platze war. Von Newton als einem Mann, der selbst unter den günstigsten Umständen unfähig zu Kompromissen war, konnte man schwerlich Kompromisse unter den ungünstigsten Umständen erwarten, und ein demokratisches Forum, dessen Mitglieder aufgeblasen und durchtrieben zugleich auftraten, muß sich seinem kalten Auge geradezu als Paradeübung in Leichtfertigkeit dargestellt haben. Es gibt, abgesehen von der Bitte, ein Fenster zu schließen, keine Aufzeichnung darüber, daß Newton während seiner Parlamentszeit irgend etwas Wichtiges gesagt hätte. Was er aus seinen politischen Erfahrungen allerdings mitnahm, war die Begegnung mit London und dem Leben, das dort möglich war. Der Kontrast zu Cambridge hätte nicht stärker sein können. London war eine Metropole, die größte Stadt Europas, und Cambridge noch ein Dorf, in dem nachts Schafe und Schweine unbeaufsichtigt auf den Straßen umherliefen und Hunde trauervoll die Wolken anbellten, die vor dem Mond vorüberzogen. London war brutal, aber auch fröhlich; es war schmuddelig, aber auch aufregend. Ein einfaches gesellschaftliches System beherrschte Cambridge, das Dorf, mit seinen Handwerkern, Ladenbesitzern und Händlern, und daneben die Universität mit ihren störrischen Studenten und phlegmatischen Professoren. Das gesamte gesellschaftliche Panorama stand in London zur Schau – Händler und Handwerker, Ladenbesitzer, die die prächtigsten und kunstreichsten Schätze der Welt feilboten, Metzger, Bettler, Hochstapler, Diebe, Betrüger, Straßenmädchen, stämmige Kaufleute mit ihren schwangeren Frauen, wohlhabende Bankiers, Financiers, Reeder, Mitglieder der Gilden, zarte hübsche Frauen, großtuerisch herumstolzierende Aristokraten, Kurtisanen, die hinter roten Spitzengardinen hervorlugten, Politiker, Buchhändler und Verleger, kluge und geistreiche Literaten, Dichter, Künstler, Musiker und Männer mit allerlei Fertigkeiten von der Gerberei bis zur Kaltnadelradierung.

Newton hatte sein großes Werk vollendet; er war ein großer Mann geworden.

Und große Männer leben gewöhnlich nicht in Dörfern.

Sein Ruf verschaffte ihm Zugang zu einer kosmopolitischeren Gesellschaft, als er sie bisher gekannt hatte. Er machte die Bekanntschaft des Philosophen John Locke, des Architekten Christopher Wren und des Tagebuchschreibers Samuel Pepys, der es in einem Augenblick, den er seiner Herumtändelei abgerungen hatte, fertiggebracht hatte, Präsident der Royal Society zu werden. Die großen Lords und Politiker, selbst an Achtung gewöhnt, fanden Befriedigung darin, ihm Achtung zu erweisen, weil das ihr Verständnis bestätigte, daß Respekt, wie er ihm kraft seines Genies zukam, umgekehrt auch ihnen kraft ihrer Stellung zukommen mußte. Einmal wurde Newton zu einem Essen beim König geladen, dem es zweifellos gelang, den Eindruck der Vertrautheit mit den *Principia* zu erwecken, ohne sich der Unbequemlichkeit unterzogen zu haben, sie gründlich zu studieren.

Die Lobhudelei, die Newton erfuhr, war, wenn auch ungewohnt, so doch nicht unwillkommen. Menschen, die aus Prinzip etwas gegen Schmeichelei haben, sind oft unfähig, sie im Einzelfall zu erkennen. Newton akzeptierte die Bewunderung der großen Welt und fand zum ersten Mal in seinem Leben Vergnügen an der Gesellschaft jüngerer Wissenschaftler und Mathematiker, Mitglieder einer Generation, für die er bereits eine Legende war.

In eine Umgebung versetzt, die ein weltläufigerer Mann mit gebührender Vorsicht betrachtet hätte, ließ er es unklugerweise zu, daß ihm das Herz überging. Der Gegenstand seiner Gefühlsbindung war ein Schweizer Mathematiker, Fatio de Duillier. Zu jung, um ein Rivale, und zu naiv, um eine Bedrohung sein zu können, verfügte Duillier genau über die Attribute, die er brauchte, um zur Katastrophe zu werden. Er war attraktiv, voller Anbetung und von stürmischem Intellekt; und als er unbescheiden andeutete, er könne die *Principia* vielleicht verbessern, indem er sie neu schriebe, betrachtete Newton sein Ansinnen mit einer Duldsamkeit, die sich bei jeder anderen Gelegenheit als Entrüstung entladen hätte. Wenn Newton von Duillier eingenommen war, so war Duillier seinerseits von Newton eingenommen. In jeder möglichen Hinsicht war Newton noch immer ein Mann in der Blüte seiner Jahre, mit vollem und üppigem, wenn auch schon weißem Haar und mit fein gemeißelten Zügen. Und von seiner physischen Erscheinung abgesehen, war er Newton. Die beiden gerieten in eine enge Beziehung und dann in wechselseitige Abhängigkeit, so daß Newton vorschlug, Duillier solle nach Cambridge ziehen, und Duillier vorschlug, Newton solle nach London ziehen. Es ist natürlich völlig unmöglich, die Natur ihrer Beziehung irgendwie einzuschätzen; man kann nur immer wieder feststellen, daß es eine intensive war. Spekulationen über Homoerotik im siebzehnten Jahrhundert sind ebenso unergiebig wie sie unausweichlich sind. Wir haben keinerlei Möglichkeit, in Erfahrung zu bringen, was sich zwischen den beiden Männern abspielte, und müssen daher für alle Zukunft schwanken, ob wir Newton und Duillier eine Intimität unterstellen, die sie nirgends offenbarten, oder eine Unschuld, die sie nicht genossen.

Es ist auch nicht besonders wichtig.

Newtons Beziehung zu Duillier schien seine intellektuellen Energien wiederzubeleben; er arbeitete zwei Jahre lang in der gewohnten Raserei, aber die Arbeit, die er unternahm, war eher loderndes Fieber als lohnendes Vorhaben, die Flammen seines alchimistischen Brenners tanzten in Einklang mit der Feuersbrunst in seinen Adern. Als sein Hund Diamond seine Mühen in Asche legte, weil er eine Kerze umstieß, geriet Newton, der aus nachvollziehbaren Gründen keinen Sinn für die höhere Symbolik dieses Unfalls aufbringen mochte, an den Rand der Verzweiflung.

Was unweigerlich kommen mußte, kam irgendwann im Laufe des Jahres 1692. Duillier kündigte an, daß er in die Schweiz zurückkehren wolle. Was immer seine angeblichen Gründe waren – Krankheit und familiäre Verpflichtungen –, offenkundig hatte er es für nötig befunden, eine gefühlsmäßige Bindung zu beenden, die sich weder eindämmen ließ, noch ihre Erfüllung finden konnte. Duillier litt darunter, Schmerz zuzufügen, und Newton litt darunter, ihn zu erleiden; beide fühlten sich nicht besonders geläutert durch ein Leiden, das nur charakterbildend an denen wirkt, die ihm nicht ausgesetzt sind. Und dann, ganz unvermittelt, brach ihre Korrespondenz einfach ab.

Eine tiefgreifende, hartnäckig widersetzliche Gemütsstörung befiel Newtons Geist. Die Krise kündigte sich durch Schlaflosigkeit an. Vier oder fünf Monate in Newtons Leben scheinen geradezu ausgelöscht; in diesen Monaten litt Newton offenbar, aber er litt schweigend. Von einem Menschen, der nie geneigt war, sich seinen Gefühlen zu stellen, durfte man schwerlich erwarten, daß er sie beichtete. Zwei geradezu schmerzhaft aufschlußreiche Briefe, geschrieben, als seine Krankheit den Höhepunkt überschritten hatte, enthüllen Newtons Elend und seine Frustration in ihrem ganzen Ausmaß. »Ich bin aufs Äußerste umgetrieben«, schrieb Newton an Samuel Pepys, »von der Verstrickung, in der ich mich finde.« Nein, so setzte er in mitleiderregendem Ton hinzu, er verfüge nicht über seine »frühere geistige Konsequenz«.

Die Verstrickung, auf die er anspielt, war offenkundig sexueller Natur und ebenso offenkundig eine Angelegenheit seiner Phantasie. In einem Brief an John Locke, drei Tage später, bat ein verlegener und zerknirschter Newton um Vergebung für seinen Eindruck, Locke habe »betrieben, mich in Frauenangelegenheiten zu verstricken [und gesagt] ›es wäre besser, Ihr wärt tot‹«.

Das war das Niveau, auf das die mächtigste wissenschaftliche Intelligenz Europas zurückfiel.

Aufseher der Münze

Isaac Newton vollendete sein zweites Meisterwerk, *The Opticks*, im letzten Jahrzehnt des siebzehnten Jahrhunderts. Im Gegensatz zu den *Principia* handelte es sich dabei eindeutig um ein Werk der Rekapitulation und Zusammenfassung, bei dem er sich ganz und gar auf Forschungen stützte, die er zwanzig Jahre zuvor durchgeführt hatte. Auf Englisch und in einem sehr viel umgangssprachlicheren Stil gehalten als die *Principia*, faßte die *Optik* seine Theorien über das Licht, die jeglicher Intuition widersprachen, in glänzender Weise zusammen, erklärte seine Schlußfolgerungen in allen Einzelheiten und beschrieb die außergewöhnlichen Experimente, die ihn überzeugt hatten, daß seine Theorien der Wirklichkeit entsprachen.

Die Publikation der *Optik* im Jahre 1704 beendete Newtons wissenschaftliche Laufbahn. Von diesem Zeitpunkt an setzte er sich zwar noch weiterhin mit verschiedenen geringfügigeren Problemen auseinander, konnte aber niemals mehr die monumentale Beherrschung und konzentrierte Kraft mobilisieren, die erforderlich gewesen wären, um noch einmal ein bedeutendes Projekt anzustoßen und zu Ende zu bringen.

Es ist ein Maß für seine Größe, daß viele Wissenschaftler, die von seinen Leistungen beeindruckt sind, sich gefragt haben, was er wohl noch alles hätte erreichen können, wenn er denn weitergearbeitet hätte. In dieser Frage klingen Ehrfurcht und Enttäuschung zugleich an. Newton glaubte an eine korpuskulare Theorie des Lichts, aber er war aufgeschlossen genug, um festzustellen, daß Licht auch wellenähnliche Eigenschaften aufweist. Er war nicht imstande, einen Gegensatz aufzulösen, der nach dem Verständnis seiner Zeit auf einen fundamentalen Widerspruch in der Natur hinauslief. Seine Biographen haben hin und wieder angedeutet, er hätte vielleicht – wenn er sich mit den Widersprüchen, die er erkannte, aber von sich wies, ernsthaft auseinandergesetzt hätte – einen Riesensprung über die Zeit hinweg machen und die Grundlagen der Quantentheorie entdecken können. Das mag so sein.

Gewiß bewahrte er sein Vermögen, etwas zur reinen Mathematik beitragen zu können, bis weit über sein mittleres Lebensalter hinaus; aber er war im wesentlichen Physiker und nicht Mathematiker, und er hätte zur reinen Mathematik noch mehr beitragen können, vielleicht, wenn er, vielleicht, ein ganz anderer Mensch gewesen wäre.

Newton schenkte der Gemeinschaft der Wissenschaftler ihre erste große physikalische Theorie; Mathematiker und Physiker brauchten mehr als zweihundert Jahre, um die Stärken und die Grenzen des Systems vollständig auszuloten. Heute ist die Newtonsche Mechanik komplett. Fast alle Probleme, die innerhalb ihrer Strukturen gedacht werden können, sind gelöst. Nur das Phänomen der Turbulenz bleibt als bedeutende und verwirrende Frage. Hätte Newton es gewollt, so hätte er ohne weiteres damit fortfahren können, seine eigene Schöpfung zu erkunden, hätte Probleme aufwerfen und sie lösen können, hätte die Grenzen des Verstehens weiter ausdehnen und am wesentlichen Werk der Zivilisierung weiter mitwirken können. Tatsächlich beschäftigte er sich mit dem überaus schwierigen Drei-Körper-Problem, das auftritt, wenn Mond, Sonne und Erde als einziges komplexes System angesehen werden. Mit schmerzenden Schläfen zog er sich frustriert vor den Schwierigkeiten zurück, auf die er dabei traf.

Aber, im Ernst, warum hätte Newton sich groß um die Weiterentwicklung der Newtonschen Mechanik kümmern sollen? Er verfügte über eine große, eine drängende schöpferische Kraft; und so unbedarft er in psychologischer Hinsicht gewesen sein mag, so wußte er doch genug über sich selbst, um zu verstehen, daß eine Arbeit, die er jetzt vielleicht in Angriff nahm, doch niemals ganz die Arbeit sein würde, die er der Mühe für wert halten könnte.

Newton beendete seine wissenschaftliche Laufbahn aus einem einzigen, unausweichlichen und überzeugenden Grund: Er hatte nichts mehr zu sagen.

Er arbeitete weiter, wie er immer gearbeitet hatte, aber er beschäftigte sich jetzt mit ganz anderen Dingen, und er arbeitete, um beschäftigt zu bleiben.

Die Flammen des schöpferischen Feuers mußten nicht länger lodern, sie brannten niedriger, und dann durften sie erlöschen.

Weihnachten 1696. Mit ihrem feierlich gemessenen und schrecklichen Schlag zeigte die Uhr des Universums den Sonnenuntergang an, und Isaac Newton vollendete sein vierundfünfzigstes Lebensjahr. Er hatte ein langes Rennen bestritten, und er hatte es glänzend bestritten. Nach den Maßstäben des siebzehnten Jahrhunderts – nach *allen* Maßstäben, denke ich – stand er unmittelbar an der Schwelle zum Alter. Und doch war er blendender Gesundheit und schon vom Temperament her unfähig zum Nichtstun, mit einem Nervensystem, erregbar und sofort Energie freisetzend wie das eines Windspiels. Seine Freunde spürten seine Unruhe, und dann auch Politiker, denen es gelegen kam, ihn zu fördern; Charles Montague – der spätere Lord Halifax – erreichte, mit Fingerspitzengefühl für Newtons Rang, daß Newton zum »Warden of the Mint« ernannt wurde, dem Aufseher der Königlich-Britischen Münzanstalt.

Die Anstellung bei der Britischen Münze war natürlich als eine

Sinekure gedacht. Der Posten, so bemerkte Montague trocken in seinem Brief an Newton, »ist nicht so geschäftig, als daß er mehr Obacht erforderte, als Ihr erübrigen könnt«. Montague erwartete wohl kaum, daß Newton große Anstrengung in seine Stellung investieren würde, und andere Politiker konnten nicht verlangen, was Montague nicht erwartete. Es war ein durchaus übliches Arrangement.

Allerdings trat Newton eine neue Rolle in seinem Leben genau zu einem Zeitpunkt an, da die englische Währung sich in einer Krise befand. Das Jahrhundert hatte sich gerundet. Bürgerkrieg, Königsmord und die Neuordnung der Monarchie waren Wunden, die bereits historisch verschorft waren. Selbst wenn der Krieg gegen Frankreich immer wieder aufflackerte und schließlich entflammte, so bildete sich doch eine reiche und pulsierende Handelskultur heraus.

Die großen Handelshäuser und die Regierung hatten natürlich eine ganze Reihe finanzieller Instrumente zur Verfügung, aber die Verkehrswährung des englischen Alltags war auf Metall gegründet und zu Münzen geprägt. Diese Währung war durch Falschmünzerei und Entwertung immer weiter korrumpiert worden. Jede Regierung sieht Geldfälschung mit großer Besorgnis. Indem diese die umlaufende Geldmenge verdünnt, entwertet sie die Währung insgesamt. Aber wenn Fälscherei eine Bedrohung für den Staat darstellt, so ist sie doch auch eine Versuchung für Kriminelle, einfach deshalb, weil sie so leicht zu bewerkstelligen wie schwer zu entlarven ist. Das England des siebzehnten Jahrhunderts war mit Fälschern überschwemmt, und demzufolge begegnete man dem englischen Geld im Ausland mit Argwohn, im Inland mit Verachtung.

Angesichts der monetären Krise schickte sich das Parlament ins Unvermeidliche. Die gesamte englische Währung mußte komplett neu geprägt werden. Gleichzeitig verabschiedete das Parlament ein Gesetz, das die Falschmünzerei als Hochverrat einstufte und die Todesstrafe darauf setzte. Wenn es drastischer Maßnahmen bedurfte, um die Stabilität der englischen Währung zu schützen, dann waren

Politiker, die mit deren Niedergang am meisten zu verlieren hatten, natürlich sofort bereit, diejenigen zu opfern, die am meisten daran gewannen.

Es fiel Isaac Newton zu, beide Aufgaben zu bewältigen, und er stellte an sich selbst eine Begabung für die Verwaltungsarbeit fest, die selbst seine wohlwollendsten politischen Förderer überzeugte. Auch wenn er noch nicht Direktor der Münze war, da die Stellung noch mit dem opportunistischen Thomas Neale besetzt war, übernahm er schnell das Kommando über die Maschinerie des Hauses und schaffte es mithilfe überlegener Organisation und einem unglaublichen Sinn für Details, den Betrieb der Münze effizient zu gestalten. Männer, die daran gewöhnt waren, ihre Sinekuren als fortgesetztes Nikkerchen zu verstehen, starrten plötzlich in die fordernden Augen Newtons oder mußten sich dazu bequemen, seine peinlich genauen Memoranden zu beantworten. Die Maschinerie der Münze wurde überholt; zusätzliche Pferde wurden requiriert und die Produktion praktisch rund um die Uhr betrieben, als das Schatzamt die Münze anwies, ihre Pforten morgens um vier zu öffnen und erst um Mitternacht wieder zu schließen. Newton akzeptierte Autorität nicht einfach nur, er gab sich ihr vom Naturell her ganz und gar hin: Die Briefe an seine Vorgesetzten sind ein Muster an kühler Tüchtigkeit und klug bemessener Servilität. Andere große Wissenschaftler haben ein verborgenes Talent für Verwaltungsaufgaben an sich entdeckt. Es war schließlich Robert Oppenheimer, der den Haufen exzentrischer und streitsüchtiger Mathematiker und Physiker leitete, die für die Entwicklung der Atombombe verantwortlich waren. Newtons Fall lag anders. Die Königlich-Britische Münze war keine wissenschaftliche Einrichtung, und die Neuprägung des Münzgeldes hatte nichts mit mathematischer Physik zu tun.

Newtons Neuerfindung seiner selbst als Staatsdiener stellt eine ungewöhnliche persönliche Leistung dar. Er war niemals ein besonders gut organisierter Mensch gewesen, seine wissenschaftliche Arbeit hatte er in anhaltenden, aber manischen Ausbrüchen geleistet. Zweifellos war er bei seinen Experimenten mit äußerster und vollständiger Sorgfalt vorgegangen und mit größter Umsicht, was alle Einzelheiten betraf, aber er war seit langem an Arbeit gewöhnt, die völlig um ihrer selbst willen unternommen wurde, und wenn seine intellektuellen Bemühungen auch vorbildhaft in ihrer großen Klarheit waren, so konnte doch niemand, der mit unvoreingenommenem Auge die zahlreichen Projekte überblickte, die er unvollendet liegen ließ, zu dem ehrlichen Schluß kommen, Newtons größtes Talent sei eine Begabung für bürokratisches Organisieren gewesen.

Und doch war es offensichtlich so. Ein Mann, der dreißig Jahre lang gearbeitet hatte, wie es ihm paßte, unter Mißachtung aller zeitlichen Zwänge und gleichgültig gegenüber allen Forderungen nach Veröffentlichung seiner Ergebnisse oder Mitteilung seiner Gedanken, fand sich jetzt als Leiter einer komplizierten Institution des Finanzwesens wieder. Man erwartete Pünktlichkeit und Ordnung von ihm, willige Aufmerksamkeit gegenüber seinen Vorgesetzten und Erfüllung der Sorgfaltspflicht für seine Arbeiter, Ansprechbarkeit, wenn sie geboten, und autoritäre Durchsetzungsfähigkeit, wenn sie vonnöten war. Welche Erwartungen auch immer gestellt wurden, Newton entsprach ihnen. Nichts spricht so sehr für die Stärke seiner Persönlichkeit wie diese bemerkenswerte Verwandlung. Es war eine Verwandlung, die er selbst offenbar als etwas ganz Normales hinnahm, ein weiteres Indiz dafür, daß diesem so überaus bemerkenswerten Mann allein die Fähigkeit – oder der Wunsch – fehlte, sich selbst zu analysieren.

Wenn Newton ein erfolgreicher Verwaltungsleiter war, so war er ein ebenso erfolgreicher Ankläger – die geballte Böswilligkeit seines Zorns konnte sich prompt und ungehindert in ganzer Wucht in dem Feldzug entladen, den er gegen die Falschmünzer entfesselte. Das

Gesetz im England des siebzehnten Jahrhunderts war streng, aber die englische Rechtsprechung im siebzehnten Jahrhundert war keineswegs willkürlich. Die Autorität der Krone konnte mit rechtlichen Mitteln bestritten werden, und wer über das Geld oder den Einfluß verfügte, sich eines Anwalts zu versichern, fand in den Grundlagen des englischen Rechts häufig einen Quell persönlicher Genugtuung. Wenn auch die Maßstäbe, die vor Gericht an die Beweisführung gestellt wurden, oft abstoßend lässig waren, so sahen Verdächtige der möglichen Verurteilung doch zumindest vor einem Gericht entgegen, das überhaupt Maßstäbe an ihre Überführung anlegte. Da wenige Fälscher ihre Pressen in aller Öffentlichkeit betrieben, war die Falschmünzerei ein Verbrechen, das besonders schwer nachzuweisen war, und da sie so weit verbreitet war, konnte jemand, der mit gefälschten Münzen ergriffen wurde, das berechtigte Argument anführen, er sei eben deshalb zu ihnen gekommen, weil die Falschmünzerei sich als so schwer nachzuweisen herausgestellt habe.

Nach einer anfänglichen Phase der Unsicherheit machte Newton sich daran, den Kreislauf der Falschmünzerei mit gewohnter Energie und – wie es im Rückblick erscheint – einzigartiger Rücksichtslosigkeit zu durchbrechen. Er verließ seine Diensträume in der Münze spät am Abend, um seine Runden durch billige Kneipen und Grog-Schenken zu machen, ja, er ersuchte sogar beim Schatzamt um Bewilligung besonderer Verkleidungen, so daß er, wie Sherlock Holmes, in zwielichtigen Lokalitäten unerkannt verkehren konnte. In souveräner Hinwegsetzung über die Möglichkeit eines Interessenkonflikts ließ er sich zum Friedensrichter in neunzehn Grafschaften ernennen. Seine Verhöre galten als besonders fürchterlich, etwas, das er selbst verstanden haben muß, da er die Vernichtung aller Unterlagen über diese Verhöre anordnete. Die näheren Umstände kann man sich nur ausmalen. Die Männer, die Newton entschlossen war zu vernichten, waren fast ausnahmslos Kleinkriminelle. Schließlich ist Falschmünzerei ein auf viele Köpfe verteiltes Verbrechen, eines, dessen Auswirkungen erst in der Summe, nicht im Einzelfall schwerwiegend sind. Der Fälscher, anders als der Dieb, schädigt niemanden unmittelbar, und von Männern, die sich überhaupt erst einmal darauf einließen, gegen Gesetze zu verstoßen, konnte man schwerlich erwarten, daß sie verstanden, wie individuelle Kleindelikte sich in einer Multiplikation der Fälle durchaus zu einer allgemeinen Katastrophe auswachsen konnten. Newton sah sich daher Männern gegenüber, die ihre Schuld gern bestritten hätten, weil sie schon zuvor die Bedeutung ihres Verbrechens als vernachlässigbar angesehen hatten. Er überwand ihre Skrupel schnell. Und was das Zusammenspiel mit den Gegnern zu einem so bizarren Schauspiel macht, ist einfach die Ungerechtigkeit, die darin liegt. Wie in aller Welt hätte ein gewöhnlicher Krimineller, der der mächtigsten Intelligenz in Europa gegenübersitzt, und der ihr ohne Rechtsbeistand gegenübersitzt, noch die Option, zu leugnen oder einfach zu schweigen, wenn er auch nach englischem Recht beide Möglichkeiten durchaus hätte in Anspruch nehmen dürfen?

Sicher wird Newton, der über geringen psychologischen Scharfsinn verfügte, kaum Zeit auf psychologische Vorgehensweisen verschwendet haben. Seine Taktik war einfacher, und sie war wirksamer. Er schwang sich zum Meister der Kleinigkeiten auf; nachdem seine Spione monatelang die Londoner Gosse durchstreift hatten, war er in der Lage, Verdächtige mit ausführlichen Protokollen mitgehörter Unterhaltungen, geflüsterten Verrats und gefährlicher Geheimnisse zu konfrontieren. Angesichts seiner außergewöhnlichen Fähigkeit, jede Einzelheit ihres Lebens in seine Gewalt zu bekommen, gaben sich viele Kleinkriminelle willig als Informanten her, womit er als Ankläger letztendlich Erfolg einfach deswegen hatte, weil er rechtzeitig Männer gefunden hatte, die bereit waren, das auszusagen, was er zu hören wünschte.

Seine berühmteste Anklage wurde gegen William Chaloner geführt, einen Schurken, der gegenüber denen, mit denen er gewöhnlich zu tun hatte, schon einigermaßen exotisch wirkte. Chaloner war ein Mann, der es geschafft hatte, sich reibungslos durch die komplexe Klassenstruktur der englischen Gesellschaft nach oben zu bewegen. Als er Newton gegenüberstand, war er wohlhabend, und er war einflußreich; aber er hatte seinen Reichtum mit außergesetzlichen Mitteln erworben, und diejenigen, die den Umgang mit ihm suchten, waren auch bereit, ihn zu verraten. Chaloner war ein begnadeter Fälscher, die Vollkommenheit seiner Arbeit versetzte sowohl Newton als auch das Schatzamt in höchste Alarmbereitschaft. Außerdem hatte er eine gewisse perverse Vorliebe dafür, ein Regierungsorgan gegen das andere auszuspielen, und als sich die Gelegenheit bot, eine Belohnung einzustreichen, indem er fälschlich gänzlich unschuldige Drucker der Verbreitung jakobinischer Propaganda bezichtigte, sah er seine Chance und nahm sie wahr. Die Drucker wurden gehenkt, Chaloner bekam seine Belohnung. In äußerster Unterschätzung des Mannes, der ihm nun gegenüberstand, betätigte sich Chaloner nun als Ränkeschmied und suchte ein schiefes Licht auf die Münzanstalt selbst zu werfen, indem er andeutete, die Münze könne vielleicht von seiner eigenen Prägemaschine profitieren – wer versteht schon mehr von Münzen als ein Falschmünzer? –, und dann tollkühn die eigene Unverschämtheit auf die Spitze trieb und einer Regierungskommission mit dem Hinweis dienlich war, die Münze selbst sei in diverse zwielichtige Prägegeschäfte verwickelt.

Newton geriet in Wut. Über zwei Jahre hinweg arbeitete er sich in Chaloners Leben ein, sammelte Zeugen, wo es möglich war, und beeinflußte sie, wenn es nötig wurde, bereit, wie Ankläger allerorten es sind, das Netz seiner Indizien eher an seiner Komplexität zu messen als an der Wahrheit. Chaloner war ein schlechter Mensch, und er war unklug. Es ist nicht klar, daß er schuldig war. Dennoch wurde er des Hochverrats überführt und zum Tode verurteilt. Seine Anwälte hatten nicht die Macht, ihn zu retten, und seine Freunde wenig Interesse an seinem Schicksal.

Nachdem er alle Möglichkeiten der Eingaben und Gesuche erschöpft hatte, entschloß sich Chaloner, um Gnade zu bitten. »Allergnädigster Herr«, schrieb er an Newton, »ich werde hingemordet werden wenn Ihr auch vielleicht anders denken möget aber es ist wahr ich werde hingemordet in der schlimmsten aller Mordtaten vor dem Antlitz der Gerechtigkeit wenn ich nicht von Eurer gnädigen Hand errettet werde.« Der Brief ist unterzeichnet »Euer fast schon gemordeter ergebenster Diener«. Überflüssig zu sagen, daß Chaloners Brief, wenn er denn Newtons Aufmerksamkeit fand, nicht sein Mitgefühl weckte. Am 23. März 1699 wurde Chaloner gehenkt, gestreckt und gevierteilt.

Wenn Newton an seinem eigenen Verhalten Tendenzen bemerkte, die sich mit dem englischen Recht nicht vertrugen, so hat er das jedenfalls nie enthüllt.

Wenige Länder konnten je Männer von Newtons Intelligenz aufbieten, aber alle Länder haben schon über Männer von seinem Temperament geboten.

Und das tun sie natürlich noch immer.

Das Defilee

Im Februar 1700 wurde Isaac Newton zum »Master of the Mint«, also dem Vorsteher oder Direktor der englischen Münzprägeanstalt ernannt und folgte so dem ekelhaften Thomas Neale, der allein mit der Kraft der Beharrlichkeit einen Posten besetzt gehalten hatte, zu dessen Erwerb er nichts und zu dessen Stärkung er wenig beigetragen hatte. Newton sollte Vorsteher der Münze bis zu seinem Lebensende bleiben. Gerade einmal drei Jahre später zog Robert Hooke von seiner Seite aus den Schlußstrich unter die Kontroverse mit Newton, indem er den Leiden erlag, die ihn seit mehr als siebzehn Jahren heimgesucht und zum Schatten seiner selbst gemacht hatten. Newton wurde zum Präsidenten der Royal Society gewählt; es war eine Stellung, die seiner Größe und seinem Einfluß angemessen war. Im Alter von einundsechzig hatte er die Verwandlung seiner Persönlichkeit abgeschlossen und die machtvolle Identität einer Person von institutionellem Rang angenommen. Ein Mann, der in seiner Jugend und in seinen mittleren Jahren defensiv und zaghaft gewesen war, wandelte jetzt selbstsicher auf dem Parkett der politischen und intellektuellen Macht.

Während seiner Jahre als Direktor der Münzprägeanstalt erhielt sich Newton zumindest einen Teil seiner unübertroffenen mathematischen Fähigkeiten. Am Neujahrstag 1697 forderte Johann Bernoulli »die scharfsinnigsten Mathematiker der ganzen Welt« mit einem kniffligen Problem heraus. Er fragte ungefähr so: Angenommen, in einer vertikalen Ebene sind zwei Punkte A und B gegeben, in unterschiedlicher Höhe, und vorausgesetzt, diese Punkte sind durch einen dünnen Draht miteinander verbunden – welches wäre dann wohl die Kurve, die ein Massepunkt beschreiben würde, der allein unter dem Einfluß der Schwerkraft in der kürzestmöglichen Zeit vom höhergelegenen zum tiefergelegenen Punkt gelangen wolle? Der Draht ist natürlich nur dazu da, den Massepunkt vor dem senkrechten Absturz zu bewahren und kann die Form jeder beliebigen Kurve annehmen, die der Punkt auf seinem Weg verfolgt. Das ist das Problem der *Brachistochrone*, wie man es seither nennt. Die politischen Umstände, die zu dieser Preisaufgabe führten, sind nicht gänzlich geklärt, aber wenn Bernoulli mit einer Lösung von Mathematikern auf dem europäischen Festland rechnete, muß er enttäuscht gewesen sein. Die Aufgabe lag einen Monat lang ungelöst herum. Nachdem er noch keine Nachricht von den Männern erhalten hatte, die am ehesten imstande schienen, die Lösung zu finden, leitete Bernoulli seine Aufgabe an Charles Montague weiter, der damals für kurze Zeit Präsident der Royal Society war. Von dort aus gelangte sie zu Newton. Newtons Nichte, Catherine Barton, hat seine Reaktion darauf festgehalten. Am 29. Januar 1697 schrieb sie:

»Newton kam erst um 4 [Uhr nachmittags] vom Tower nach Haus zurück, wo er ein gedrucktes Papier seiner wartend vorfand, in dem ein junger Professor aus Groningen, Johann Bernoulli, eine doppelte mathematische Herausforderung stellte, die ganz allgemein ›an die Blüte der scharfsinnigsten Mathematiker in aller Welt‹ gerichtet war. Newton säumte nicht, das Problem sofort anzugehen, ja, er ging nicht schlafen, bis er es gelöst hatte, was bis 4 Uhr morgens dauerte.«

Newton schickte seine Antwort unter dem Datum des 30. Januar

1697 brieflich an Montague; sie wurde dann anonym in den *Philosophical Transactions* für Januar desselben Jahres veröffentlicht.*

Newtons Lösung für die Brachistochrone ist ein Vorbild an kühler Effizienz. »Vom gegebenen Punkt A«, schreibt er, »zeichne man die unbegrenzte gerade Linie APCZ parallel zur Horizontalen und beschreibe auf dieser besagten Linie sowohl eine beliebige Zykloide AQP, die die gerade Linie AB (gezeichnet und, falls erforderlich, verlängert) im Punkte Q trifft, als auch eine weitere Zykloide ADC, deren Basis und Höhe sich zur Basis und Höhe der vorgenannten verhält wie AC zu AP respektive wie AB zu AQ. Die letztgenannte Zykloide wird dann durch den Punkt B verlaufen und wird die Kurve sein, auf der ein schwerer Körper, unter der Krafteinwirkung seines eigenen Gewichts, am schnellsten von Punkt A aus den Punkt B erreicht. *Was herauszufinden war.*«

Eine Zykloide oder Radkurve, sollte ich hinzufügen, ist die Kurve, die ein Punkt auf einem Kreis (oder eben einem Rad) beschreibt, wenn dieser auf einer horizontalen Linie abrollt.**

Obwohl Newton seine Lösung anonym veröffentlichte, wußte Bernoulli sofort, daß nur ein einziger dies geschrieben haben konnte. »Obgleich ihr Autor«, bemerkte Bernoulli, »... seinen Namen nicht preisgibt, können wir über jeden Zweifel hinaus sicher sein, daß der Verfasser der berühmte Mr. Newton ist: Denn hätten wir keine andere Information als eben dieses Beispiel, so hätten wir ihn doch an seinem Stil erkannt wie den Löwen an seiner Pranke.«

* In der Nacherzählung dieser Anekdote bin ich S. Chandrasekhars *Newton's Principia for the Common Reader*, S. 571 f., gefolgt.

** Für das Nachvollziehen der Lösung ist es sinnvoll, das Koordinatensystem auf den Kopf zu stellen: Der Kreis rollt *unterhalb* der Linie AZ ab, auf der der Punkt P willkürlich gewählt wird, und die Zykloiden A(D)BC und AQP bauchen sich demzufolge nach unten – *d. Ü.*

Die Lebensumstände Newtons verlieren jetzt ihre Faszinationskraft. Er lebte, wie andere Männer in seiner Position vielleicht leben; er ging fleißig seiner Arbeit nach, hielt einen festen Tagesablauf ein, er kümmerte sich um seine entfernten Verwandten, und wenn er sich weder bei Tische noch in einem der modischen Londoner Fleischtöpfe etwas gönnte, dann nur, weil die Enthaltsamkeit ihn gleichgültig gegenüber dem Essen und unempfänglich für Frauen gemacht hatte. Nach allem, was man hört, war sein Leben in London nüchtern, ereignislos, arbeitsam und langweilig.

Sein großes intellektuelles Gewicht drückte sich sowohl den Institutionen auf, die er dominierte, als auch der Zukunft, die er bestimmte. Als Präsident der Royal Society prägte er eine bis zu diesem Zeitpunkt ziemlich chaotische Vereinigung mit dem Stempel seiner Persönlichkeit, er entschied, welche Probleme zu behandeln waren, bestimmte ihre Tagesordnung und ihren Stil. Sein Einfluß auf die Royal Society und auf das wissenschaftliche Leben in England war nicht nur wohltätig. Seinem Genie fehlte nur eines: Es ließ sich nicht vervielfältigen. Die theoretische Mechanik wurde im achtzehnten Jahrhundert weiterentwickelt, aber ihre Grundideen wurden von Mathematikern auf dem europäischen Festland modifiziert – Bernoulli, Laplace, Lagrange. Newton verlieh dem englischen wissenschaftlichen Leben den Glanz seiner eigenen Leistung, aber was zu einem breiten Strom englischer Mathematik hätte anschwellen können, trocknete aus, ehe es noch zu fließen begann.

Newton war zeitlebens nicht geneigt gewesen, Kritik anzunehmen; als Direktor der Münze und Präsident der Royal Society war er jetzt in der Lage, beiseite zu wischen, was er nicht hören wollte, und zu leugnen, was er nicht beiseite wischen konnte. Seine Wut blieb so wild wie eh und je, und wenn tatsächlich jemand sich seinem Willen widersetzte, so war seine Entrüstung, vermute ich, um so größer, als sie von Umständen ausgelöst wurde, die inzwischen unerwartet waren. Nichts erzürnt einen Mann, der sich an Respekt gewöhnt hat, so sehr wie dessen Verweigerung. Die große, die monumentale Kontroverse mit Gottfried Wilhelm Leibniz brannte sich ätzend in seine Seele ein. Beide Männer rekrutierten die jeweiligen zahlreichen Verbündeten zu ihrer Verteidigung und führten sich auf, als wäre die Frage, wer von ihnen mathematische Vorstellungen als erster entdeckt habe, zu denen beide unabhängig voneinander gekommen waren, durch Invektiven oder Insinuationen zu beantworten. Das sieht ganz nach übermäßiger Reizbarkeit bei Männern aus, deren Leistungen sie eigentlich gleichgültig gegenüber Prioritätsfragen gemacht haben sollten, und zweifellos hatten es sowohl Newton als auch Leibniz ihrem persönlichen Stolz gestattet, die eigene Urteilskraft zu trüben. Wenn aber Reizbarkeit unterstellt wird, so sieht das wiederum so aus, als hätten Newton und Leibniz allein deshalb gestritten und einander Beleidigungen ins Gesicht geschleudert, weil es ihnen darum ging, wer von ihnen nun wirklich die Entdeckung der Infinitesimalrechnung für sich beanspruchen konnte. Aber es ging um mehr. Newton hatte die Infinitesimalrechnung zu seinem unübertrefflichen, aber auch ganz eigenwilligen Werkzeug gemacht; Leibniz hatte seinem System der Analysis eine ungewöhnlich elegante und flexible Ausdrucksform gegeben. Beide Männer müssen gespürt haben, daß die Zukunft ihrer jeweiligen Schöpfung irgendwie mit dem eigenen Namen und damit auch mit der Prioritätsfrage verknüpft war. Und beide hatten recht. Newton verschmolz die Infinitesimalrechnung eng mit der mathematischen Physik und verwischte die Spuren seiner Schritte dabei so gründlich, daß kein Mathematiker ihm auf seinem Weg folgen konnte. Leibniz öffnete die Infinitesimalrechnung für die gelehrte Welt. Und die gelehrte Welt folgte dankbar seiner Führung.

Die Kontroverse dauerte bis zu Leibniz' Tod im Jahre 1716; und danach – wenn Newton auch weiterhin kochte – wendete das Publikum, das er zu beeindrucken gehofft hatte, seine Aufmerksamkeit anderen Dingen zu und verfolgte in aller Ruhe eigene Wege.

Newton war niemals ein romantischer Mensch, aber er war von leidenschaftlichem Charakter, und angesichts des Alters und des Nachlassens seiner wissenschaftlichen Kräfte entdeckte er in sich einen gewissen Unterstrom warmer Sympathie, so etwas wie eine fremdartige Zärtlichkeit. Um 1696 war er einigermaßen wohlhabend und gab sich Mühe, für die mütterliche Linie seiner Familie zu sorgen; er erwarb eine Leibrente für die Schwester seiner Mutter, die sie und ihre Kinder buchstäblich vor der Armut errettete. Seine Nichte Catherine Barton zog zu ihm in sein Haus in der Jermyn Street. Es war ein recht ungewöhnliches Arrangement. Catherine war eine junge Frau, Newton bereits ein alter Mann. Mehr noch, Catherine war nach allem, was man hört, eine Frau von beeindruckender Schönheit und ungewöhnlichem Witz. Newton war offenbar von seiner Nichte angetan, aber nichts weist darauf hin, daß, falls seine Sinne in Wallung geraten sein sollten, sein gesundes Urteilsvermögen getrübt worden wäre. Er hatte das Alter erreicht, in dem sogar sehr große Männer fähig werden, Schönheit zu würdigen, ohne sie besitzen zu wollen.

Wenn Newton sich damit zufrieden gab, seine Nichte mit väterlicher Zuneigung zu betrachten, sein Förderer tat es nicht. Briefe lassen keinen Zweifel daran, daß Lord Halifax sich stürmisch in Newtons Nichte verliebte und so in den Newtonschen Haushalt einen frei fließenden Strom verbotener erotischer Energie einbrachte. Große Liebesaffären sind oftmals ihre eigene Rechtfertigung, und man muß Newton zugute halten, daß er nichts dazu tat, das zu zerstören, zu dessen Verhinderung er ohnehin nichts tun konnte. Er ging wie gewohnt zur Arbeit, male ich mir aus, kam zurück, aß zu Abend und zog sich zurück, wobei er die ganze Zeit über eine kuriose Befriedigung aus dem Spitzengespinst der Leidenschaft zog, das um ihn herum immer dichter gewoben wurde. Das häusliche Arrangement, das Newton duldete, wurde unweigerlich zum Gesprächsstoff. Voltaire war Newtons wärmster Bewunderer in Frankreich gewesen, aber er war eine unverbesserliche Klatschbase, und als er London in den

1720er Jahren besuchte, kam er, zur eigenen unerschöpflichen Befriedigung, zu dem Schluß, daß Lord Halifax die Zuneigung Catherine Bartons sichergestellt hatte, indem er zunächst ihren Onkel reichlich belohnte. Voltaire verlor keine Zeit, das als Tatsache zu berichten, was er allenfalls als Gerücht gehört haben konnte. »Ich glaubte in meiner Jugend«, bemerkt er, »daß Newton sein Glück aus eigenem Verdienst gemacht hätte.« Offenbar nicht:

»Isaac Newton hatte eine überaus charmante Nichte, Madame Conduitt, die eine große Eroberung in dem Minister Halifax machte. Fluxionen und Gravitation wären nutzlos gewesen ohne eine hübsche Nichte.«

Wenn Lord Halifax anfangs bereit gewesen sein mochte, seinen Weg in Catherine Bartons Schlafgemach durch Bestechung zu ebnen, so hatte er jedenfalls nichts dagegen, dieses Mittel anzuwenden, um dort zu bleiben. Sein Testament von 1706 traf großzügige Vorsorge für die junge Frau, und die Revision des Testaments machte die Großzügigkeit zu einer Extravaganz. »Diese Geschenke und Legate«, schrieb Halifax, »hinterlasse ich ihr als Zeichen der aufrichtigen Liebe, Zuneigung und Wertschätzung, die ich für sie als Person seit langem gehegt habe, und als eine kleine Entschädigung für das Vergnügen und das Glück, das ich in ihrer Konversation fand.«

Als der Astronom John Flamsteed von diesen Formulierungen erfuhr, schrieb er an einen Freund, Catherine Barton habe das Vermächtnis von Halifax »für ihre *ausgezeichnete Konversation*« erhalten. Newton hatte den armen Flamsteed jahrelang verfolgt, um astronomische Daten zu erlangen, und war tatsächlich so weit gegangen, Halley anzuweisen, seine astronomischen Bücher zu beschlagnahmen und zu veröffentlichen. Flamsteeds *feine* Bemerkung rundet ein kleines Restaurationsdrama ab, eines, in dem es um Jugend geht, um Schönheit, hoffnungslose Anbetung, Ränke und gütige Reife.

Es war ein Drama, das niemandem ein Leid zufügte und fast jedem zur Ehre gereichte.

Es bleibt nur noch ganz wenig. Im Jahre 1717 heiratete Catherine Barton John Conduitt, Intendant der britischen Seestreitkräfte in Gibraltar, einen Mann, der zehn Jahre jünger war als sie. Das Paar bot Newton ein Heim, und wenn auch weder sie noch er den Eindruck zu erwecken trachteten, seine mathematische Arbeit zu verstehen, so verstanden doch beide völlig die Größe seiner Leistungen. Conduitt hielt fleißig zahlreiche Einzelheiten aus Newtons Leben fest, wobei seine Aufzeichnungen so einförmig blieben, wie dieses Leben selbst uninteressant gewesen sein muß. Newton arbeitete weiter, wie er immer gearbeitet hatte. Er gestattete sich die erneute Konzentration auf Bibelstudien; er schrieb an einer *Chronologie überlieferter Königreiche* und schrieb sie immer wieder um. Er führte das Leben, das er für sich gewählt hatte. Und er blieb vollständig der Gefangene seiner eigenen Tarnung, der die Geheimnisse seiner Seele vor aller Augen verbarg, unter Einschluß seiner eigenen.

Als er schließlich den Tod vor sich sah, wählte er zur Beschreibung des eigenen Lebens Worte majestätischer Abgeklärtheit: »Ich weiß nicht, was ich der Welt scheinen mag, aber was mich selbst betrifft, so scheine ich nur wie ein Junge gewesen zu sein, der am Strand spielt, und mich damit unterhalten zu haben, hin und wieder einen glatteren Kiesel oder eine hübschere Muschel zu finden als gewöhnlich, währenddessen der große Ozean der Wahrheit ganz unentdeckt vor mir lag.«

Auf der Suche nach den letzten Dingen

Newton steht einzig dar. Sein Einfluß kann nicht unterschätzt werden; seine Autorität läßt sich nicht umgehen. Indem er die Wissenschaft der mathematischen Mechanik schuf, legte er die Ziele der mathematischen Physik wie auch ihre Methoden fest. Ein Fachgebiet, das eine Nacherzählung gewesen war, wurde zu einer Suchexpedition. Physiker verstehen heute unter Physik immer weiter verallgemeinerte und damit immer universellere Gesetze und sehen in der Massenanziehung, dem Elektromagnetismus, der Relativität und der Quantenmechanik Schritte innerhalb einer Progression auf Prinzipien hin, die machtvoll genug sind, eine umfassende Erklärung der Materie in ihren kleinsten wie ihren größten Zustandsformen und von Beginn der Schöpfung an bis hin zu ihrem Ende zu liefern.

Der Lauf der Zeiten hat vier absolut grundlegende physikalische Theorien hervorgebracht: die Newtonsche Mechanik, natürlich, Clark Maxwells Theorie des Elektromagnetismus, Einsteins Relativitätstheorie und die Quantenmechanik. Sie ragen in der Geschichte auf wie die steinernen Riesenskulpturen auf der Osterinsel, monumental und mit starrem, ausdruckslosem Blick. Jede von ihnen ist in eine vollständige mathematische Abbildung der Welt eingebettet; jede von ihnen bündelt mit Erfolg unterschiedliche Prozesse und

Eigenschaften zu einer einzigen, bemerkenswert komprimierten Aussage, einem fest angezogenen geistigen Knoten. Der höchste Ausdruck jeder dieser Theorien ist ein einziges mathematisches Gesetz, das die Form einer Gleichung annimmt, eine Aussage, mit der etwas Unbekanntes in geraunten Andeutungen eingegrenzt und allen Eventualitäten in bestimmter Weise Rechnung getragen werden soll. Und jede der großen Theorien enthält sehr viel mehr, als sie aussagt, eine phantastisch komprimierte Form der Naturgesetze, als handelte es sich dabei im buchstäblichen Sinne um Botschaften eines zeitlosen Intellekts.

Die große Suche wird inzwischen mit einem Grad von Genauigkeit vorangetrieben, der ans Wunderbare grenzt. Die Quantenelektrodynamik beherrscht das Allerinnerste der Materie bis ungefähr auf die zwanzigste Stelle hinter dem Komma genau. Bei der Bestimmung der Entfernung zwischen New York und Los Angeles weichen Theorie und Messung um nicht mehr als die Breite eines einzigen menschlichen Haares voneinander ab. Die großen Theorien sind einzigartig. Kein anderer geistiger Entwurf verfügt über ihre Voraussagekraft; in ihnen stimmen reines Denken und physikalische Erfahrung in einem Maß überein, das in keinem anderen Bereich des geistigen oder praktischen Lebens jemals erreicht wird, das heißt, sie erreichen einen Grad von Übereinstimmung, für den es in der gesamten Erfahrung des Menschengeschlechts kein Vorbild gibt, und erlauben eine genaue Bestimmung von Ereignissen und Orten in der Zukunft, die sich so gar nicht mit unserer gewohnten Unfähigkeit vertragen will, Aussagen darüber zu machen, an welchem Punkt unser Leben vielleicht aus dem Ruder gelaufen ist oder wo wir einmal unwiederbringlich unser Herz verloren haben.

Die mathematischen Physiker sind mittlerweile überzeugt, daß die Newtonsche Suche kurz vor dem Ende steht, weil ihr Ziel in Sicht kommt. Was Newton erspürte, das meinen sie heute sehen zu können.

Worin die Segnungen des wissenschaftlichen Zeitalters auch immer liegen mögen, die Tröstungen der Religion werden gemeinhin nicht zu ihnen gezählt. Ganz unabhängig von Newtons eigenen religiösen Überzeugungen – für den fortschreitenden Bedeutungsverlust des Glaubens ist vielfach gerade seine Suche verantwortlich gemacht worden. »Das Universum«, so hat es Carl Sagan vertreten, »ist alles, was war, oder ist, oder sein wird.« Diese Setzung, so häufig sie vorgebracht wird, wird selten argumentativ untermauert, vielleicht weil sie von sich aus als logisch wahr erscheint, da ihre Verneinung ein logischer Widerspruch ist. Wenn Transzendenz den Wunsch bezeichnet, *alles* zu transzendieren, ist sie als Lehre lückenhaft und als Überzeugung nutzlos. Die Abgrenzung, die Sagan vornehmen wollte, ist die zwischen einer materiellen Welt und einer Welt jenseits der Materie. Es ist eine Welt jenseits der materiellen Welt, der Sagan die Existenz bestreiten wollte. Damit steht er wohl kaum allein. Materialismus in einer wie immer gearteten Spielart ist zur zeitgenössischen Orthodoxie geworden. Wissenschaftler, die geneigt sind, im Universum nichts Geringeres als ein physikalisches System zu sehen, sind in aller Selbstverständlichkeit bereit, im Universum auch nichts Höheres als ein physikalisches System zu sehen. Diese ihre Auffassung hat nicht unbedingt verbreitete Begeisterung ausgelöst, wenn sie auch auf breite Zustimmung gestoßen ist. Wenn Newtons Projekt etwas Großartiges gehabt hat, so hatte es doch auch etwas Ungeheuerliches. Menschliche Wesen, so scheint es, haben eine bemerkenswerte Fähigkeit zur intellektuellen Undankbarkeit.

Die Gesetze der Physik nehmen im Geistesleben einen einzigartigen Platz ein. Sie sind der Punkt, auf den alle Trichter zulaufen müssen. Diese reduktionistische Metapher entlehnt ihren Gehalt von einer anderen. Wenn die Natur als Buch angelegt ist, dann als ein Buch, das wiederum als deduktives System angelegt ist, eines, das sicherlich großartiger ist als die *Principia*, aber von der Art her doch keineswegs anders. In diesem Buch – *dem Buch*, um der Metapher die gebührende Ehre zu geben – findet jede Behauptung über die materielle Welt ihre Erklärung in deduktiver Form. Wenn die Bahnen der Planeten Kegelschnitten folgen, dann deshalb, weil alle Körper vom allgemeinen Gravitationsgesetz aneinander gebunden sind, wobei das Gesetz sich zur Tatsache verhält wie die Prämisse eines Gedankengangs zu seiner Schlußfolgerung. Wenn *das Buch* gelesen sein wird, wird das Universum erkannt sein. Nachdem transzendentale Denkkategorien schon jetzt in Ungnade gefallen sind, werden sie dann ganz außer Gebrauch kommen.

Natürlich ist das alles nur eine Ansammlung von Metaphern, die einen gemeinsamen Fluchtpunkt in der Zukunft ansteuern. Dennoch entfalten Metaphern ein seltsames und unerwartetes Eigenleben und stellen oftmals Ansprüche, die sie nicht gänzlich einlösen können. Der Versuch, die biologische Welt auf der Grundlage physikalischer Gesetze zu erklären, ist bisher nicht gerade ein rauschender Erfolg gewesen. »Wir können nicht feststellen«, sagt Richard Feynman in seinen bemerkenswerten Vorlesungen zur Physik, »ob die Schrödinger-Gleichung [das grundlegende Gesetz der Quantentheorie] auch Frösche umfaßt, Komponisten oder die Sittlichkeit.«

Wenn wir nicht *feststellen* können, daß die Gesetze der Physik die Eigenschaften lebender Systeme abdecken, dann *wissen* wir offenbar auch nicht, ob das Buch der Natur vollständig ist.

Fairerweise muß man anmerken, daß dieser Einwand, da er von Wissen abhängt, über das wir nicht verfügen, Folgerungen in den Raum stellt, die wir gar nicht bewerten können. Dieses Problem wird nur die Zeit lösen können. Die Metapher einer Natur, die als ein deduktives Buch organisiert ist, stößt im Hier und Jetzt auf Schwierigkeiten. Wenn die Natur als Buch angelegt ist, was genau erklärt dann seine Prämissen? Diese Prämissen sind Beschreibungen der materiellen Welt; sie halten deren allgemeinste Eigenschaften fest. Wenn das *Buch der Natur* vollständig ist, dann werden auch sie eine Erklärung verlangen. Die Berufung auf noch weitere Gesetze verbietet sich natürlich aus dem einfachen Grunde, daß das Buch dann entweder ins Unendliche ausgedehnt oder kreisförmig in sich selbst zurück gebogen sein müßte.

Ein Appell an die Logik ist fruchtlos. Die Naturgesetze sind keine logischen Wahrheiten.

Gleiches gilt für den Appell an die Einfachheit. Die Naturgesetze müssen von ihrem Wesen her reichhaltig genug sein, um das Panorama des organischen Lebens erklären zu können, und das Leben ist alles andere als einfach. »Blinde metaphysische Notwendigkeit«, bemerkt Newton, »die in Gewißheit immer und überall ein und dieselbe ist, könnte nie eine Vielfalt der Dinge hervorbringen.«

Es bietet sich die Folgerung an, daß entweder die Naturgesetze keine Aussagen über die materielle Welt machen, oder daß das Buch der Natur unvollständig ist. Aber falls sie keine Aussagen über die materielle Welt sind – worüber sagen sie dann etwas aus? Oder falls das Buch der Natur unvollständig ist, welchen Grund gibt es dann, transzendentale Denkkategorien zu verwerfen?

Gute dreihundert Jahre nach der Veröffentlichung der *Principia* hat Newtons Suche eine seltsame Gabelung erfahren – der große Vektor der mathematischen Physik weist entweder über die materielle Welt hinaus, oder er strebt immer weiter vorwärts, auf Wegen ins Unendliche. Newton selbst war ein religiöser Mensch; er zweifelte nicht, welche Richtung der Vektor einschlagen würde. Zum Abschluß der *Principia* faßte er seine allgemeine theologische Haltung in strömende Prosa. »Dieses überaus schöne System der Sonne, der Planeten und Kometen konnte sich nur dem Rat und der beherrschenden Kraft eines intelligenten und mächtigen Wesens verdanken.« Die theologischen Ausführungen, die folgen, setzen Gott an jeden Ort und an jede Zeit. »ER ist ewig und unendlich«, schreibt Newton, »allmächtig und allwissend; das heißt, seine Dauer reicht von Ewigkeit zu Ewigkeit, seine Gegenwart von Unendlichkeit zu Unendlichkeit; er beherrscht alle Dinge und weiß um alles, was getan werden kann.« Wenn die Gottheit auch *immer* und *überall* existiert, so ist ihre Existenz doch keineswegs körperlich. »Er hat keinerlei Körper oder körperliche Gestalt und kann daher weder gesehen, noch gehört oder gefühlt werden. ... Wir haben Vorstellungen von den Attributen, die IHM zukommen, was aber die wirkliche Substanz von irgend etwas ist, das wissen wir nicht. Wir erkennen IHN allein in seiner höchst weisen und vortrefflichen Einrichtung der Dinge.«

Viele dieser theologischen Aussagen sind bereits implizit in den wissenschaftlichen Teilen der *Principia* selbst enthalten. Das allgemeine Gravitationsgesetz ist die mathematische Beschreibung einer Kraft, deren Existenz über ihre Wirkung bekannt ist. Jeder Versuch, den Schleier des äußeren Anscheins zu lüften, enthüllt einen weiteren Schleier, und die »geheimen Triebfedern« der Welt bleiben für immer verborgen. »Bislang«, schreibt Newton, »haben wir das Phänomen der Himmel und unserer Meere mit der Macht der Gravitation erklärt, aber wir haben noch keinen Grund für diese Macht angegeben.« Die materielle Welt kann die Prinzipien, nach denen sie sich am erfolgreichsten beschreiben läßt, nicht vollständig erklären; das System, das wir sehen, kann »sich nur dem Rat und der beherrschenden Kraft eines intelligenten und mächtigen Wesens verdanken«, eines Wesens, das »höchst bewandert in der Mechanik und der Geometrie« ist.

Teilt man diese Aussage durch den Begriff des mächtigen Wesens, bleibt der Begriff der Intelligenz übrig. Da die Gesetze der Physik die allgemeinsten Aussagen über die physikalische Welt sind, stellen sie den höchsten Ausdruck einer sich in der Materie äußernden Intelligenz dar. In dem Maße, wie sich die Intelligenz der Welt nicht gänzlich im Sinne der Materie der Welt erklären läßt, sind die physikalischen Gesetze transzendent.

Intelligenz ist natürlich ein Begriff, den wir uns anthropomorph vorstellen, und Newton stellte sich das Höchste Wesen ganz offenbar so vor, als verfüge es über einen Verstand, der seinem eigenen recht ähnlich war. Die Rolle, die die Intelligenz in seinen Ausführungen spielt – sicherlich handelt es sich hier nicht um eine Argumentation –, ist abwechselnd von Begriffen wie Komplexität, Aufbau und sogar Schönheit übernommen worden. Das sind Begriffe, die in letzter Analyse ebenso schwer zu vermeiden wie schwierig zu erklären sind. Vielleicht wären wir besser beraten, die schillernden transzendentalen Kategorien durch einen einzigen robusten Arbeitsbegriff zu ersetzen. Die physikalischen Gesetze, hätte Newton anmerken können, sind nicht *willkürlich*. Sie scheinen einen ganz bestimmten Aufbau des Universums zu beschreiben, eine Möglichkeit unter vielen. Wenn wir zu verstehen lernten, daß die unterschiedlichen Möglichkeiten für den Aufbau des Universums unterschiedlich wahrscheinlich sind, dann könnten wir die Gesetze der Physik unter Rückgriff auf die Gesetze der Wahrscheinlichkeit verstehen lernen. Das würde Newtons Suche erweitern, sie aber nicht vollenden, denn wir würden unweigerlich wissen wollen, warum die anfängliche Wahrscheinlichkeitsverteilung, der die physikalischen Gesetze unterliegen, eben die Form annimmt, die sie annimmt, und aussieht, wie sie aussieht. Auch diese Frage transzendiert wieder den Bereich der materiellen Dinge.

Es ist kein Wunder, daß einige Physiker und viele Philosophen, wenn sie nach einer Erklärung der Naturgesetze selbst gefragt werden, sich mit der simplen Antwort zufrieden geben, jede Erklärungskette müsse irgendwann enden. Diese Reaktion, so befriedigend sie scheint, läßt offensichtlich unbeantwortete Fragen im Raum stehen, die weiter die menschliche Vorstellungskraft quälen. Es ist eben ein wenig zu einfach, zu versichern, daß Erklärungen enden müssen, wenn sie gerade am dringendsten gebraucht werden.

Es wirkt fast wie Undankbarkeit zu sagen, Newtons großartige Vision der Naturwissenschaften habe als eine unabschließbare und ergebnislose Suche geendet. Immerhin, wenn wir beunruhigt und intellektuell verwirrt sind, so sind wir beunruhigt und intellektuell verwirrt auf eine unermeßlich anspruchsvollere Art und Weise, als es möglich gewesen wäre, bevor Newton sich zum Denken quälte.

Das Ziel bleibt weit entfernt, aber als Gattung haben wir gemeinsam bereits eine sehr große Wegstrecke zurückgelegt.

ANHANG

Ausflug ins Ausführliche

Kleine mathematische Chrestomathie

Eine *Funktion* – eine Zeit/Weg- oder Entfernungsfunktion $E(t) = t^{\mathrm{e}}$ zum Beispiel – legt eine Beziehung fest. Die Werte, die $E(t)$ annimmt, wenn $t = 1, 2, 3$ und 4 ist, sind 1, 4, 9, 16 und so immer weiter und aufwärts. Verschiedene ganz unterschiedliche Funktionen legen verschiedene ganz unterschiedliche Beziehungen fest.

Die *Durchschnittsgeschwindigkeit* eines Teilchens, das sich gemäß einer Entfernungsfunktion bewegt, ist – in einem gegebenen Zeitraum – das Verhältnis von Entfernungsveränderung zu Zeitveränderung (oder zurückgelegtem Weg zu verstrichener Zeit).

Die Augenblicks- oder *Momentangeschwindigkeit* eines Teilchens, das sich gemäß einer Entfernungsfunktion bewegt, ist – zu einem gegebenen Zeitpunkt – der Grenzwert einer Folge von Durchschnittsgeschwindigkeiten.

Die *Durchschnittsbeschleunigung* eines Teilchens, das sich gemäß einer Geschwindigkeitsfunktion bewegt, ist – in einem gegebenen Zeitraum – das Verhältnis von Geschwindigkeitsänderung zu verstrichener Zeit.

Die *Momentanbeschleunigung* eines Teilchens, das sich gemäß einer

Geschwindigkeitsfunktion bewegt, ist – zu einem gegebenen Zeitpunkt – der Grenzwert einer Folge von Durchschnittsbeschleunigungen.

Aus ganz gewöhnlichem Deutsch werden jetzt ganz gewöhnliche Symbole.

Veränderung der Zeit ist

$$\Delta t$$

und Veränderung der Entfernung

$$\Delta E.$$

Die Zusammenziehung oder *Kontraktion der verstrichenen Zeit* ist

$$\Delta t \to 0.$$

Die *Durchschnittsgeschwindigkeit* ist

$$\frac{\Delta E}{\Delta t}.$$

Die *Momentangeschwindigkeit*, wenn $\Delta t \to 0$, ist

$$\lim \frac{\Delta E}{\Delta t}.$$

Die *Ableitung* von $E(t)$ wird symbolisch als

$$\frac{dE(t)}{dt}$$

ausgedrückt, so daß

$$\frac{dE(t)}{dt} = \lim \frac{\Delta E}{\Delta t}$$

ist, wenn $\Delta t \to 0$. Das ist eine Definition.

Die Ableitung der Entfernungsfunktion ist selbst wieder eine neue Funktion für bestimmte Zeitpunkte – die Geschwindigkeitsfunktion $v(t)$:

$$\frac{dE(t)}{dt} = \lim \frac{\Delta E}{\Delta t} = v(t).$$

Die *durchschnittliche Beschleunigung* ist

$$\frac{\Delta v(t)}{\Delta t}.$$

Die *Momentanbeschleunigung*, bei $\Delta t \to 0$, ist

$$\lim \frac{\Delta v(t)}{\Delta t}.$$

Die *zweite Ableitung* von $E(t)$ ist

$$\frac{d^2E(t)}{dt^2} = \lim \frac{\Delta v(t)}{\Delta t}.$$

Auch das ist eine Definition, und diese Definition ergibt wiederum eine neue Funktion – die Beschleunigungsfunktion $a(t)$:

$$\frac{d^2E(t)}{dt^2} = \lim \frac{\Delta v(t)}{\Delta t} = a(t).$$

Eine *Differentialgleichung* ist eine Gleichung, bei der eine unbekannte Funktion aus ihrer Ableitung bestimmt wird. So ergibt beispielsweise die Gleichung

$$\frac{dx}{dt} = 2t$$

für die Funktion x die Lösung $x = t^2$ (genaugenommen $t^2 + c$, wobei c eine beliebige Zahl ist, die aber auf die Ableitung keinen Einfluß hat und einer Verschiebung der Funktionskurve im Koordinatensystem entspricht).

Die Berechnungen, die man anstellen muß, wenn man aus diesen Definitionen etwas machen will, sind ungewohnt, aber einfach. Ein Teilchen bewegt sich durch den Raum. Der Weg, den es zurücklegt, gehorcht der Entfernungsfunktion $E(t) = t^2$. Nichts hat sich verändert. Alles bleibt gleich. Wie hoch ist dann seine Geschwindigkeit genau in dem Augenblick, an dem die Uhr den Zeitpunkt 2 angibt?

Zum Zeitpunkt $t = 2$ hat das Teilchen 4 Kilometer zurückgelegt, zum Zeitpunkt $t = 3$, eine Stunde später, 9 Kilometer.

Δt beträgt also 1 Stunde.

$\Delta E(t)$ beträgt also 5 Kilometer.

$\Delta E(t) / \Delta t$ beträgt also 5 zu 1 (also 5 Kilometer pro Stunde).

Jetzt wird Δt immer kleiner.

Bei $\Delta t = 0{,}5$ hat das Teilchen 2,25 Kilometer von den 5 Kilometern zwischen $t = 2$ und $t = 3$ zurückgelegt; $\Delta E(t) / \Delta t$ beträgt also 2,25/0,5 oder 4,5 Kilometer pro Stunde innerhalb dieser halben Stunde.

Bei $\Delta t = 0{,}25$ beträgt $\Delta E(t) / \Delta t$ genau 4,25 Kilometer pro Stunde für diese 15 Minuten.

Bei $\Delta t = 0{,}10$ beträgt $\Delta E(t) / \Delta t$ genau 4,1 Kilometer pro Stunde in diesen 6 Minuten.

Die Zahlenfolge 5; 4,5; 4,25; 4,1… strebt ganz offensichtlich der Zahl 4 als ihrem Grenzwert zu.

Eben. Es ist die Zahl 4, die der Tangente als ihr Anstieg im Punkt $t = 2$ zugeschrieben wird; und es ist die Zahl 4, die die Momentangeschwindigkeit des Teilchens in diesem Punkt angibt.

Maßeinheiten

Basiseinheiten:

Länge (Entfernung)	das Meter (m)
Masse	das Kilogramm (kg)
Zeit	die Sekunde (s)

Abgeleitet:

Geschwindigkeit	Weg durch Zeit: Meter pro Sekunde ($m/s = ms^{-1}$)
Beschleunigung	Geschwindigkeitsänderung pro Zeit: Meter pro Sekunde, pro Sekunde $\left(\frac{\frac{m}{s}}{s} = \frac{m}{s^2} = ms^{-2}\right)$
Kraft	Masse mal Beschleunigung: Kilogramm mal Meter pro Sekunde, pro Sekunde ($kgm/s^2 = kgms^{-2}$), Einheit Newton (N), 1N ist die Kraft, die aufgewendet werden muß, um 1kg um einen Meter pro Sekunde pro Sekunde zu beschleunigen.

Zwei wichtige Konstanten:

G	$6{,}67 \times 10^{-11}\ Nm^2kg^{-2}$
g	$9{,}8\ ms^{-2}$

Die Einheiten der allgemeinen Gravitationskonstante *G* sind so gewählt, daß die rechte Seite von Newtons Gravitationsgesetz

$$F = \mathrm{G}\frac{m_g m_g}{r^2}$$

ausschließlich in Newton ausgedrückt wird, also in Einheiten der Kraft. Der Wert von *g* entspricht der Erd- oder Fallbeschleunigung in unmittelbarer Nähe zur Erdoberfläche.

Die Mathematik der Veränderung

Denken Sie sich ein Teilchen, das einer geraden Linie folgt. Seine Masse ist bekannt. Und es bewegt sich dank einer konstanten Kraft. Vor einigen Jahren dachte sich der Physiker Freeman Dyson ein Raketenfahrzeug aus, das vom Sonnenwind durchs All getrieben würde. Das ist ein hübsches Bild und kann gut als Hintergrund für unser Beispiel dienen.

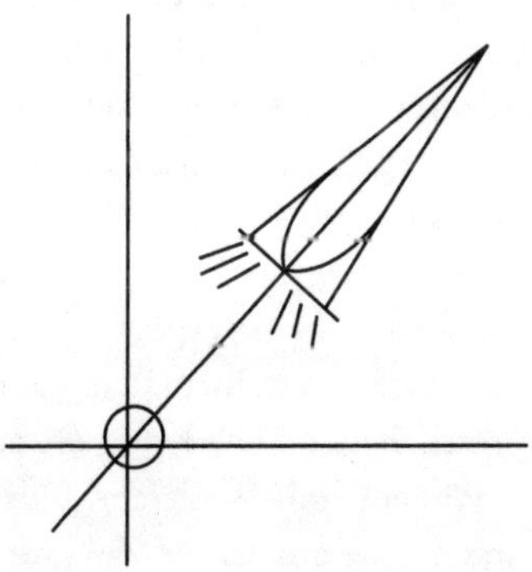

Raumschiff auf dem Weg durchs All

Indem es sich in gerader Linie vom Ursprung eines Koordinatensystems aus auf den Weg macht, bewegt sich das Raumschiff innerhalb eines Inertialsystems, eines festen Bezugssystems. Dieses Bezugssystem hat nur den Zweck, zurückgelegte Entfernungen meßbar zu machen, die Richtung des Raumschiffs steht analytisch nicht zur Verfügung. Natürlich ist das ein Miniatur- und damit ein hilfsweise ersonnenes Koordinatensystem, aber in der mathematischen Physik, wie in so vielen anderen Dingen, geben schlau ausgedachte Vereinfachungen den besten Aufschluß über die Komplexität, die dahinter liegt.

Das Raumschiff fliegt nun heiter Orten entgegen, die nie ein Mensch zuvor gesehen hat. Schon lange hat es die blaßblaue Erde hinter sich gelassen, es folgt einer geraden Bahn, zunächst an den inneren Planeten des Sonnensystems vorüber, dann an den äußeren; die Spur seiner Reise liegt längst außerhalb der Reichweite von optischen und von Radioteleskopen. Es reist der Unendlichkeit entgegen. Was uns auf der Erde bleibt – uns, die wir ein hoffnungslos romantisches Interesse an seiner seltsamen Reise entwickelt haben –, ist eine beharrliche theoretische Neugier für die Entfernung, die es zurücklegt, während der seidene Faden der Zeit von seiner Spindel läuft. Mathematische Physiker erkennen in dieser Neugier die Frage nach der Flugbahn oder Trajektorie des Raumschiffs. Wenn wir daraus, wie lange das silberne Schiff bereits unterwegs ist, erkennen könnten, wie weit es bereits gekommen ist, dann würden wir Zurückgelassenen alles wissen, was wir wissen können.

Vor dem irdischen Gericht wird jetzt ein Verfahren nach Newtons zweitem Gesetz verhandelt. Das Schiff ist schon längst zu einem Punkt geschrumpft und dann verschwunden. Es nimmt eine neue Identität als ein Masseteilchen an. Die Kraft, die auf es wirkt, bleibt ein Geheimnis. Der Sonnenwind? Vielleicht. Oder vielleicht etwas noch Exotischeres, irgendeine aus ferner Zukunft geborgte pulsierende Energieform. Welcher Art auch immer sie ist, in allen weiteren

Berechnungen taucht sie als Konstante auf. Wohin das Schiff auch fliegen mag, es fliegt mithilfe ein und derselben Kraft.

Jetzt kommt Newtons zweites Gesetz: Kraft ist das Produkt aus Masse und Beschleunigung, oder

$$F = ma.$$

Diese Symbole haben den Panzer der wirklichen Welt noch nicht durchdrungen, und sei es nur, weil die Beschleunigung noch nicht zur Zeit in Beziehung gesetzt worden ist. Diese Korrelation wird mit der Infinitesimalrechnung zugänglich.

Beschleunigung ist eine Funktion der Zeit;

also ersetzen wir a in Newtons Gesetz durch $a(t)$:

$$F = ma(t).$$

Teilen wir beide Seiten der Gleichung durch m, so erhalten wir

$$F/m = a(t).$$

Aber:

Beschleunigung ist auch die Ableitung der Geschwindigkeit.

Definitionsgemäß ist $dv(t)/dt = a(t)$, und daher

$$F/m = dv(t)/d(t).$$

Symbole sind gegen andere Symbole ausgetauscht worden, Newtons Gesetz ist algebraisch umgeformt worden. Erreicht haben wir damit noch gar nichts.

Aber die letzte Umformung von Newtons zweitem Gesetz stellt immerhin etwas in den Raum, was Juristen eine Suggestivfrage nennen. Welche unbekannte Funktion ergibt eigentlich, wenn sie differenziert wird, F/m? Die Geschwindigkeitsfunktion $v(t)$, sicherlich, das geht ja schon aus den Symbolen hervor, aber die Frage wird bohrender: was ist denn deren mathematische Natur? Das sagen die Symbole nicht.

Bringen wir die Frage in die Form einer Differentialgleichung:

$$dx/dt = F/m$$

wobei die Variable x für unser Stochern im Dunkeln steht.

Die Bestimmung von x erfolgt mithilfe der Infinitesimalrechnung:

$$x = \frac{F}{m}t + c_1.$$

Mit der Enthüllung der Identität von x tritt die mathematische Natur der Geschwindigkeit ans Licht. Die Geschwindigkeit wird durch drei bekannte arithmetische Operationen bestimmt – Division, Multiplikation und Addition –, die auf Zahlen angewendet werden, die Kraft, Masse und Zeit messen*, und dazu noch etwas, das sich bislang noch hinter dem Symbol c_1 verbirgt.

Der Beweis? Wenn die Funktion $x = \frac{F}{m}t + c_1$ differenziert wird, ergibt sie F/m.

Die Geschwindigkeit des Raumschiffs ist jetzt beschrieben, und explizit beschrieben, als eine Funktion der Zeit.

* Die Wahl der Maßeinheiten ist dabei natürlich unerheblich, und Kilometer pro Stunde ist uns besser vertraut als Meter pro Sekunde.

Genau dieselben elementaren Verfahren können genutzt werden, um die Identität der *Position* des Raumschiffes als Funktion der Zeit herauszubekommen. Tatsächlich genügt schon das gleiche Muster, in dem auf die Erinnerung an eine bestimmte Identität eine Suggestivfrage folgt. Beschleunigung ist die Ableitung der Geschwindigkeit, und …

Geschwindigkeit ist auch die Ableitung von Position oder Ortsveränderung.

Aber die Identität der Geschwindigkeitsfunktion ist bekannt; sie wurde gerade ermittelt. Wir haben sie in den Akten. Und prompt drängt sich eine zweite Frage auf. Welche Funktion ergibt, wenn sie differenziert wird,

$$x = \frac{F}{m}t + c_1?$$

Es ist die Entfernungsfunktion $E(t)$, sicher, aber was uns hier wieder fehlt, ist eine Bestimmung ihrer mathematischen Natur.

Bringen wir die Frage in die Form einer zweiten Differentialgleichung:

$$dy\,/\,dt = \frac{F}{m}t + c_1.$$

Die Antwort liefert abermals die Infinitesimalrechnung:

$$y = \frac{1}{2}\frac{F}{m}t^2 + c_1 t + c_2.$$

Zu jedem gegebenen Zeitpunkt, das sagen diese neuen Symbole, wird die Ortsveränderung des Raumschiffes durch diese Formel bestimmt. Die Zeit tickt weiter, und bei jedem Ticken leistet die Formel ihre Arbeit der Division, Multiplikation und Addition; und wenn die Zahlen so bearbeitet sind, ist das Ticken der Zeit mit der Veränderung der Entfernung korrelliert.

Die Position des Raumschiffes ist jetzt beschrieben, und zwar explizit beschrieben, als eine Funktion der Zeit.

Zwei Funktionen haben jetzt den Schauplatz betreten, deren Identität kein Geheimnis mehr ist.
Es sind Geschwindigkeit

$$v(t) = \frac{F}{m} t + c_1$$

und Entfernung

$$E(t) = \frac{1}{2} \frac{F}{m} t^2 + c_1 t + c_2.$$

Die Dunkelheit ist gewichen. Aber in diesen Formeln stehen noch zwei Konstanten – deren Identität ist noch nicht enthüllt worden. Wir benötigen noch einige weitere Annahmen und Schritte, um diesen Symbolen ihre richtige Bedeutung zu geben.

Angenommen, daß gar keine Zeit verstrichen ist.

Es folgt, daß

$$t = 0.$$

Einsetzung ergibt

$$v(0) = \frac{F}{m} 0 + c_1$$

und dann

$$v(0) = c_1,$$

weil der mittlere Ausdruck der Gleichung wegfällt, sobald die Multiplikation mit null ihr Werk getan hat.

Es folgt, daß die Konstante c_1 die Geschwindigkeit des Schiffes angibt, wenn noch keine Zeit vergangen ist – seine *Anfangsgeschwindigkeit*.

Und genauso gilt

$$E(0) = \frac{1}{2}\frac{F}{m}0^2 + c_1 0 + c_2$$

und damit

$$D(0) = c_2,$$

wobei abermals die Multiplikation mit null das Geröll zwischen $E(0)$ und c_2 wegräumt. Die zweite Konstante gibt die Entfernung des Schiffes vom Ursprung des Koordinatensystems zu Beginn der ganzen Übung an – seine *Anfangsposition*.

Geschwindigkeit und Entfernung sind jetzt vollständig bestimmt, jedes Symbol spielt eine ausdrücklich festgelegte Rolle. Das klassische Instrument der mathematischen Physik steht zur Verfügung in Form von Gleichungen mit spezifizierten Anfangsbedingungen.

Eine bemerkenswerte Übung ist hier gerade abgeschlossen worden. Die Zeit selbst ist unter die Kontrolle eines symbolischen Apparates gebracht worden. Der Zukunft ist ihr Geheimnis entrissen worden. Sie ist jetzt so zugänglich wie die Gegenwart, zumindest in den Dimensionen von Entfernung und Geschwindigkeit. Die Übung ist noch in anderer Hinsicht bemerkenswert. Sie zeigt, wie es vielleicht nur ein konstruiertes Beispiel tun kann, auf welche sorgfältig integrierte Art und Weise mathematische und physikalische Begriffe innerhalb des Erkenntnismodells zusammenwirken, das in den *Principia* vorgetragen wird. Zeit, Raum, Entfernung, Geschwindigkeit, Beschleunigung, Kraft und Masse sind physikalische Begriffe. Sie sind mit einer Welt bewegter Teilchen verbunden. Aber die Beziehungen zwischen diesen Begriffen sind mathematischer Art. Einige Beziehungen erfordern wenig mehr als die elementaren arithmetischen Operationen, andere die Maschinerie der Infinitesimalrechnung. Ohne diese spezifisch mathematischen Beziehungen würden Newtons Gesetze keine Aufschlüsse geben können.

Die *Principia* führten in das menschliche Denken die neuartige Vorstellung ein, man könne Formeln dazu benutzen, das physikalische Verhalten bewegter Körper unter Kontrolle zu bringen. Natürlich gab es diese Vorstellung schon vor Newton, aber im Vergleich zu den Erfahrungsableitungen in den Gesetzen Keplers und Galileis sind Newtons Gesetze ungleich reicher in ihrem Inhalt und beherrschen eine ungleich größere Breite der Beobachtung. Sie sind auch in einem weiteren Sinne reicher. Kepler und Galilei lieferten eine Beschreibung bestimmter physikalischer Tatsachen in mathematischer Form. Die Erklärungen, die sie anbieten, sind dynamischer Natur. Sie stellen vielseitige Korrelationen zwischen Ortsveränderung und Zeitveränderung her. Aber sie liefern keine Erklärung. Mit der Integration von physikalischer Veränderung und Geschwindigkeitsveränderung und der Korrelation von Geschwindigkeitsänderung und Kraft ermöglichen die *Principia* dagegen das, was Physiker eine *kinematische* Interpretation der Gegebenheiten nennen. Diese Interpretation wird in den *Principia* zu einer Erklärung, der ersten völlig ernsthaften wissenschaftlichen Erklärung in der Geschichte des Menschen.

Die Erklärung ist eingeschränkt, und sie ist unvollständig. Das wußte Newton sicherlich. Es gibt viel in der Natur, das sich nicht in Begriffen rein mechanischer Kräfte erklären läßt – Elektrizität und

Magnetismus sind ein Beispiel, das Verhalten des Lichts ist ein zweites. Aber insoweit die *Principia* sich nur mit mechanischen Kräften beschäftigen, haben sie praktisch absoluten Erfolg.

Im Universum Newtons herrschen die Gesetze, die das Verhalten bewegter Teilchen bestimmen, auch über die Vergangenheit, die Gegenwart und die Zukunft. In diesem Sinne sind sie deterministisch; auch das ist bemerkenswert. Unser Verständnis für die natürliche Welt ist tief verwurzelt in unseren menschlichen Empfindungsweisen, und was immer wir von unterschiedlichen philosophischen Lehren auch halten mögen, kein Aspekt dieser Empfindungsweise ist sicherer als die Überzeugung, daß wir die Zukunft durch die freie Ausübung unseres Willens erst selbst erschaffen. Newtons Entdekkung, daß höchst bedeutende Aspekte der physikalischen Welt sich nach etwas richten, was mit der Ausübung überhaupt irgendeines Willens gar nichts zu tun zu haben scheint, ist, wenn sie richtig verstanden wird, zutiefst beunruhigend, und das um so mehr, als das gleiche Muster der differentiellen Berechnung, das mein konstruiertes Beispiel beherrscht, auch den Fall des Mondes am Nachthimmel und den Umlauf der Planeten um die Sonne beherrscht.

Erde und Mond

Physiker Newtonscher Prägung müssen, um die analytischen Ansprüche zu rechtfertigen, die sie erheben, eine dreifache Verbindung herstellen zwischen der geraden Linie, die der natürlichen Flugbahn des Mondes entspricht, der Kurve, der er offenbar in der Wirklichkeit folgt, und den Kräften, die auf die Bahn des Mondes wirken, um von einer geraden Linie zu einer Kurve zu verändern.

Die Analyse folgt einem zweifachen Anstoß. Der erste ist rein mathematisch. Keine Kräfte sind beteiligt und nur wenig Physik – nichts jedenfalls, was über Bewegung hinausginge. Wie immer, ein

Koordinatensystem. Es sind nur zwei Dimensionen vonnöten. Die Bahn des Mondes ist fast genau eine Ebene. Die Erde steht im Zentrum des Systems, und der Mond bewegt sich mehr oder weniger auf einer Kreisbahn um sie herum. Diese Sachverhalte lassen sich vollständig in Form diensteifriger gerader Pfeile ausdrücken. Diese Pfeile fungieren als Vektoren und erlauben es so dem Physiker, die Analysis mit ihrem ganzen Gewicht auf die physikalische Situation anzuwenden.

Ein Radiusvektor **r** ist ein Pfeil, der von der Erde zum Mond reicht. Indem er zwei Punkte miteinander verbindet, fungiert er als Ortsangabe. Ausgedrückt als Funktion $\mathbf{r}(t)$ der Zeit, streicht der Radiusvektor, wie der große Zeiger einer riesigen Uhr, gegen den Uhrzeigersinn über den Kreis hin, während die Zeit vergeht. Für jeden gegebenen Zeitpunkt bestimmt die Vektorfunktion $\mathbf{r}(t)$ ein Zahlenpaar, die Koordinaten eines Punktes auf dem Kreisumfang.

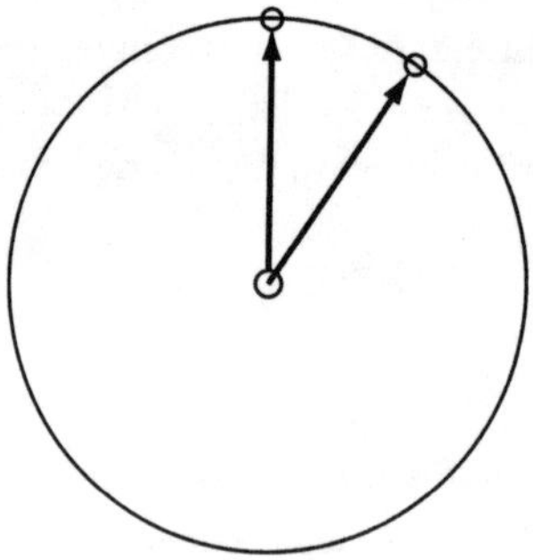

Radiusvektor

Jetzt kommt die bekannte Geometrie des Kreises ins Spiel und liefert einen analytischen Ausdruck für $\mathbf{r}(t)$:

$$\mathbf{r}(t) = r\cos(\omega t)\mathbf{i} + r\sin(\omega t)\mathbf{j}.$$

In diesem Ausdruck sind Sinus und Cosinus das, was sie immer sind – trigonometrische Ausdrücke; die Zeit ist einfach die Zeit; und das Symbol ω bezeichnet die Winkelgeschwindigkeit des Radiusstrahls, während er sich im Kreis bewegt, die Geschwindigkeit, mit der sich dieser Minutenzeiger dreht. Die Einheitsvektoren sind die Einheitsvektoren. Diese Formel gibt die Position des Radiusvektors auf dem Umfang des Kreises an. (Also einmal angenommen, daß Radius und Winkelgeschwindigkeit den Wert 1 haben; weiter angenommen, daß die Zeit den Wert 0 hat. Dann wird der Radiusvektor den Umfang des Kreises im Punkt $\cos(0) + \sin(0)$ berühren. Nun ist $\cos(0) = 1$ und $\sin(0) = 0$. Damit hat $\mathbf{r}(t)$ die Werte (1;0).)

Das scheint eine sehr komplizierte Methode zu sein, einen Kreis im Raum zu zeichnen. Scheint? Es *ist* eine komplizierte Methode, einen Kreis im Raum zu zeichnen; die Komplexität der Notation findet ihre Berechtigung in der enormen Fülle von Informationen, die sie liefert.

Bei gegebener Funktion $\mathbf{r}(t)$ für den Radiusvektor bekommen wir die Funktionen für den Geschwindigkeitsvektor $\mathbf{v}(t)$ und den Beschleunigungsvektor $\mathbf{a}(t)$ frank und gratis dazu: $\mathbf{v}(t) = d\mathbf{r}/dt$ und $\mathbf{a}(t) = d\mathbf{v}/dt$.

Vier Schlüsse folgen daraus, und sie folgen auf der Stelle.*

Erstens: Geschwindigkeits- und Radiusvektor stehen immer senkrecht aufeinander; sie bewegen sich im rechten Winkel zueinander.

Das bedeutet, daß der Geschwindigkeitsvektor keine Komponente in Radiusrichtung hat. Kein Teil der Geschwindigkeit eines Teilchens zielt nach unten.

Zweitens: Auch der Geschwindigkeits- und der Beschleunigungs-

* Diese Schlußfolgerungen folgen mathematisch aus der einfachen Vektorbeschreibung der Umlaufbahn des Mondes. Nichts weiter ist dazu nötig. Die Einzelheiten kann man jedem Lehrbuch entnehmen – *Elements of Newtonian Mechanics* von J. M. Knudsen und R. J. Horth (Springer-Verlag, Berlin, 1995) zum Beispiel.

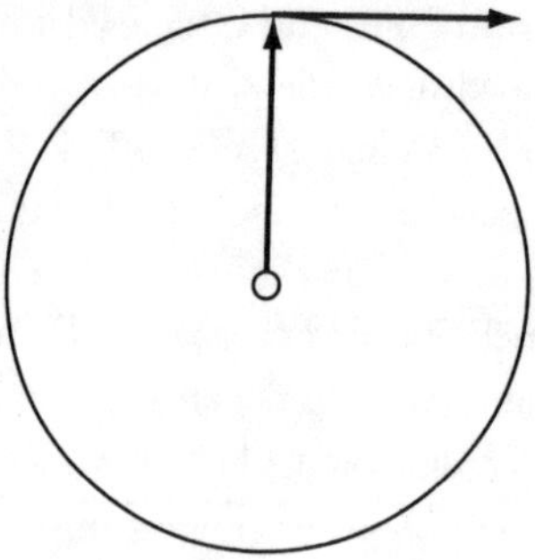

Geschwindigkeitsvektor und Radiusvektor

vektor stehen senkrecht aufeinander; auch sie bilden einen rechten Winkel auf ihrem Weg um den Kreis herum.

Der Geschwindigkeitsvektor verläuft entlang einer Geraden, die eine Tangente an die Kurve ist; der Beschleunigungsvektor weist damit nach innen, zum Mittelpunkt des Systems. Es ist natürlich sinnlos, sich vorzustellen, daß der Mond entlang des gesamten Pfeilschaftes des Beschleunigungsvektors nach unten beschleunigt. Täte er das, würde er in die Erde hineinstürzen. Obwohl der Beschleunigungsvektor nach unten weist, vollzieht sich die Beschleunigung des Mondes in seiner Bewegung *von* seiner geradlinigen Bahn weg *zur* Kreisbahn hin.

Drittens: Der Beschleunigungsvektor kann mit einem einfachen Ausdruck der Analysis in die Formel gefaßt werden

1 $$\mathbf{a}(t) = -\frac{4\pi^2}{T^2}\,\mathbf{r}(t).$$

Der Buchstabe T bezeichnet die Umlaufperiode des Mondes – die Zeit, die er benötigt, um seine Bahn einmal komplett zu durchlaufen. Die Formel zeigt, daß die Beschleunigung negativ ist; das Teilchen nimmt in umgekehrter Richtung Fahrt auf, zur Erde hin.

Und viertens und letztens: Die Geschwindigkeit des bewegten Teilchens – jetzt eine gewöhnliche Zahl – und seine Beschleunigung – eine weitere gewöhnliche Zahl – lassen sich durch zwei ganz einfache Formeln wiedergeben:

2 $$v = r\omega$$

und

3 $$a = \frac{v^2}{r}.$$

Diese Zahlen entsprechen dem Betrag des zugehörigen Vektors.
Diese fünf Sachverhalte haben eine ganz klare Entsprechung in gewöhnlicher Sprache.

- Es gibt eine Formel für die Bahn eines Teilchens, das sich kreisförmig um die Erde bewegt;
- der Geschwindigkeits- und der Beschleunigungsvektor des Teilchens bewegen sich im rechten Winkel zueinander;
- ebenso sein Geschwindigkeits- und sein Ortsvektor;
- es gibt eine Formel für die Bahngeschwindigkeit des Teilchens auf seiner Kreisbahn;
- und es gibt eine weitere Formel für seine Beschleunigung in Richtung auf den Mittelpunkt des Kreises.

Jetzt folgt die rasche Vermehrung von *dann muß…*-Folgerungen. Wenn der Mond die Erde in gleichförmiger Rotationsbewegung umkreist, wird er weder schneller noch langsamer. Seine Geschwindigkeit ist damit das Verhältnis seines Bahnumfangs (das $2\pi r$ aus der Schulzeit) zu seiner Umlaufzeit, oder Weg durch Zeit:

4 $$v = \frac{2\pi r}{T}.$$

Geschwindigkeit erscheint sowohl in Gleichung 3 als auch in 4; man wird sie los, indem man in Gleichung $\frac{2\pi r}{T}$ für v einsetzt und erhält

5 $$a = \frac{4\pi^2 r}{T^2}.$$

Diese Formel drückt den Betrag der Beschleunigung des Mondes in lediglich vier Zahlen aus.

Soweit die Mathematik und ein wenig Bewegung entlang einer Kurve. Jetzt kommt Physik. Die Keplerschen Gesetze sind Gesetze der Planetenbewegung. Der Mond ist kein Planet. Dennoch gibt es keinen Grund, warum die Keplerschen Gesetze nicht auf das System aus Erde und Mond anwendbar sein sollten, ein System wie ein kleines örtliches Sonnensystem, das bequem bei der Hand ist.

Nun sagt Keplers drittes Gesetz, daß das Quadrat der Umlaufzeit der Planeten um die Sonne zum Kubik ihrer mittleren Entfernung von der Sonne untereinander immer im selben Verhältnis steht. In Symbolen:

6 $$\frac{r^3}{T^2} = C,$$

wobei die Konstante C nur von der Masse der Sonne abhängt und damit für alle Planeten gleich ist.

Aber wie es sich trifft:

$$\frac{4\pi^2 r}{T^2} = \frac{4\pi^2 C}{r^2}, \tag{7}$$

weil

$$\frac{4\pi^2 C}{r^2} = \frac{4\pi^2}{r^2} \times \frac{r^3}{T^2} = \frac{4\pi^2 r}{T^2}.$$

Es gibt also nur

$$a = \frac{4\pi^2 C}{r^2}. \tag{8}$$

Das ist eine sehr mächtige Gleichung, denn sie besagt, daß die Beschleunigung des Mondes zum Mittelpunkt der Erde hin *umgekehrt proportional zum Quadrat seiner Entfernung von der Erde* ist. Für den besonderen Fall der Kreisbewegung haben Keplers Gesetze der Planetenbewegung soeben Newtons Gesetz der dem Quadrat des Abstands umgekehrt proportionalen Massenanziehung freigelegt.

Jetzt kommt Kraft ins Spiel, und zwar gemäß Newtons zweitem Gesetz

$$F = ma. \tag{9}$$

Aber Gleichung 8 enthält einen analytischen Ausdruck für die Beschleunigung, daher

$$F = m\frac{4\pi^2 C}{r^2}. \tag{10}$$

Punkt. Und von da aus eine Rückkehr zur Erde. Gleichung 10 hält einfach fest, daß irgend etwas am Mond zieht. Was wir brauchen, ist eine Verbindung zwischen diesem Ziehen und der irdischen Gravitation.

Wie jede andere Kraft, so gehorcht die irdische Gravitation Newtons zweitem Gesetz:

$$F = mg, \tag{11}$$

wobei g die Schwerebeschleunigung auf der Erde angibt.

Wenn jenes Ziehen am Mond und die irdische Gravitation ein und dieselbe Kraft sind, dann müßte es möglich sein, für g den Ausdruck $\frac{4\pi^2 C}{r^2}$ (aus Gleichung 8) einzusetzen:

$$g = \frac{4\pi^2 C^*}{\rho^2}, \tag{12}$$

wobei C^* eine Konstante ist, die jetzt von der Masse der Erde und nicht der Sonne abhängt, und ρ^2 der Radius der Erde und nicht der Radius (die mittlere Sonnenentfernung) einer Planetenumlaufbahn.

Wir können aber noch mehr tun. Aus Gleichung 6 wissen wir, daß

$$C^* = \frac{r^3}{T^2}, \tag{13}$$

also sollte g selbst die Form

$$g = \frac{4\pi^2 r^3}{\rho^2 T^2} \tag{14}$$

annehmen, wenn $\frac{r^3}{T^2}$ für C^* in Gleichung 12 eingesetzt wird.

Gleichung 14 aber gibt dem Physiker – und gab Isaac Newton – einen Ausdruck an die Hand, in dem jede Größe gemessen werden konnte. Die Liste sieht folgendermaßen aus:

$T = 27$ Tage, 47 Stunden und 3 Minuten;
$r = 60{,}1$ mal der Radius der Erde selbst;
$\rho = 6{,}37 \times 10^6$ Meter = der Erdradius.

Wenn man diese Werte in Gleichung 14 einsetzt, erhält man eine Schwerebeschleunigung *g* von ungefähr 9,8 ms^{-2}.

Die fragliche Beschleunigung ist die Schwerebeschleunigung eines Gegenstandes auf der Erde, aber sie ist mit Zahlen berechnet worden, die aus der Untersuchung der Beschleunigung des Mondes stammen.

Es ist möglich, die Beschleunigung von Objekten in der Nähe der Erdoberfläche mithilfe eines einfachen Pendels zu messen; Newton selbst hat solche Messungen durchgeführt. Das Ergebnis ist auch hier eine Beschleunigung von 9,8 Metern in der Sekunde pro Sekunde.

Diese fast vollkommene Übereinstimmung rechtfertigt fast vollständig die Behauptung, ein und dieselbe Kraft wirke auf den Mond und auf Objekte nahe der Erdoberfläche. Eine starke theoretische Schlußfolgerung ist von einer genauen quantitativen Messung bestätigt worden. Nichts wesentlich Schwierigeres als Vektoren ist für den Beweis benutzt worden, das und ein wenig Algebra. Die Übereinstimmung zweier Zahlen und das logische Vorgehen, mit dem sie bewiesen wurde, stellen einen vollendeten Triumph der mathematischen Physik dar.

Der Fall des Mondes

Unter gewöhnlichen Umständen verbringen wir unser Leben als chauvinistische Erdlinge, die einen klaren und offenbar unwiderstehlichen Trennstrich zwischen dem ziehen, was sich auf der Erdoberfläche abspielt, und dem, was im großen Da-Draußen stattfindet. Diese Unterscheidung ist so alt wie die Erinnerung ans Paradies, und sie ist in neuerer Zeit durch die unaussprechlich schönen Bilder neu belebt worden, die von der Erde aus dem Weltraum aufgenommen wurden. Das ganze Gewicht dieses menschlichen Verständnisses steht dem gegenüber, was Newton gezeigt hat. Nichts in unserer kollektiven Erfahrung – nichts, aber auch rein gar nichts – legt es nahe, daß die großen Kräfte des gewöhnlichen Lebens auch im leeren Raum weit weg von der Erde wirken und einen Schauplatz finden könnten. Aber das tun sie. Das wissen wir jetzt, aber dieses Wissen ist etwas sehr Schwieriges, und die Menschheit brauchte ein Genie, um es zu erlangen. Um so erstaunlicher ist es, daß Newtons spezifische Schlußfolgerungen zur Größe der auf der Erde und der auf den Mond wirkenden Schwerkraft Teil eines umfassenderen Systems von Einsichten ist.

Ein und dieselbe Kraft bestimmt das Verhalten fallender Äpfel und des Mondes. Der naive gesunde Menschenverstand tut sich schwer mit diesem Schluß, einfach weil gewöhnliche Gegenstände zum Erdmittelpunkt hin fallen, während der Mond ungerührt seine Bahn weiter durch den Raum verfolgt. Newtons qualitative Darstellung der Umlaufbahn des Mondes verwirft auf plausible Weise die Schlüsse des gesunden Menschenverstandes. Es ist dem Mond möglich, dauernd *zur* Erde hin zu fallen, ohne jemals *auf* die Erde zu fallen.

Genau derselbe Schluß, der auf S. 150 in qualitativer Hinsicht gezogen wurde, ist in den Gleichungen 1–14 auf S. 212–216 angelegt, das Geheimnis liegt schon längst offen vor unseren Augen. Beginnen wir also bei Gleichung 8, in der eine umgekehrt zum Quadrat des Abstands proportionale Beziehung gilt. Die Magie des mathematischen Schließens wird in diesem Fall rückwirkend angewendet, und der Physiker verfolgt seine eigenen Fußstapfen zurück, bis er bei Gleichung 1 angekommen ist. Gleichung 1 nun bestimmt die Umlaufbahn des Mondes, und Gleichung 1 bestimmt, daß diese Bahn *kreisförmig sein muß.* Aus der Annahme, daß die Erde den Mond nach einem Gesetz des reziproken Abstandsquadrats anzieht, folgt

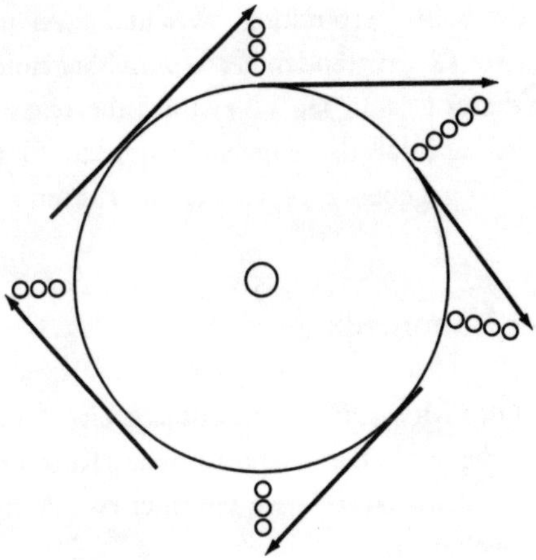

Der ewige Fall des Mondes

zwingend die Form der Mondbahn. Wenn der Mond auch zur Erde *hin* fällt, so fällt er doch nicht auf sie hinunter, weil er sie nämlich umkreist.

Newtons Analyse des Mondumlaufs ist noch nicht die gesamte Analyse, zu der Newton gelangte, als er Dr. Halleys Frage nach den Umlaufbahnen der Planeten beantwortete. Die Planeten beschreiben elliptische Bahnen, die Beweisführung macht mehr Arbeit. Aber die wechselseitige Beziehung zwischen Gleichung 1 und Gleichung 11 weist durchaus bereits auf Newtons größere Leistung hin. Wenn wir die Einzelheiten einmal beiseite lassen, so zeigt die mathematische Maschinerie, daß die Keplerschen Gesetze ein Anziehungsgesetz mit dem Kehrwert des Abstandsquadrats erfordern *und* daß ein Anziehungsgesetz mit dem Kehrwert des Abstandsquadrats die Keplerschen Gesetze erfordert. In mathematischer Hinsicht sind die Keplerschen drei Gesetze mit dem Beweis erschöpft, daß sie äquivalent zu einem solchen reziproken Abstandsgesetz sind. Mithilfe einer erstaunlichen mathematischen Vereinfachung stellte Newton eine außergewöhnliche Verbindung zwischen zwei unterschiedlichen physikalischen Gegenständen her – einer Form und einer Kraft.

Die Eleganz dieser Lösung legte Newton nahe, wie sie es auch uns unmittelbar nahe legt, daß das Entscheidende die Gravitation sein muß: ist diese Kraft gegeben, ergeben sich die Fakten von selbst.

Der Fall einer Kanonenkugel

Auf dem Gipfel des Mount Everest stellt sich ein Physiker vor, daß der Mittelpunkt der Erde der Ursprung eines Koordinatensystems ist. Der Radius der Erde ist ρ. Dann feuert er eine Kanone in Richtung Osten ab, wobei die Kanonenkugel parallel zur horizontalen Achse der Erde losfliegt. Ihre Anfangsgeschwindigkeit ist einfach v.

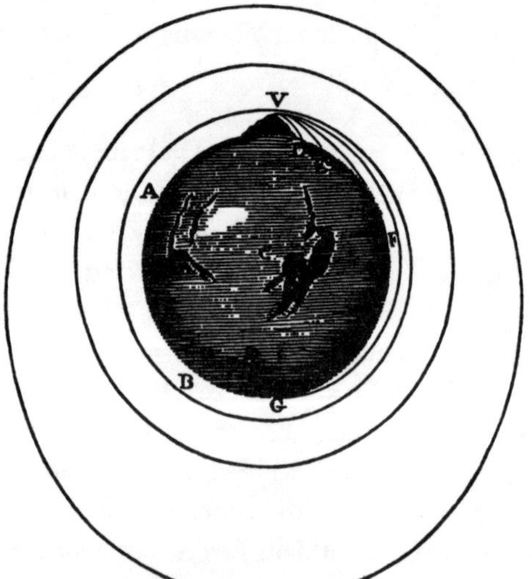

Newtons Illustration aus den *Principia*

Sie beginnt sich zu bewegen. Während sie das tut, beginnt sie auch zu fallen, wobei ihre Fallgeschwindigkeit in Richtung auf den Erdmittelpunkt von Galileis Gesetz $y = \frac{1}{2}gt^2$ beherrscht wird. Zwei Bewegungen also, in zwei unterschiedlichen Richtungen – raus und rüber und runter und aus. Diese Bewegungen sind voneinander unabhängig. Kein Teil der Horizontalgeschwindigkeit des Objekts geht nach unten, und kein Teil seiner Vertikalbeschleunigung geht zur Seite. Die Vektoranalyse macht das deutlich: Die relevanten Vektoren stehen immer im rechten Winkel zueinander und bleiben dabei, ohne Geschwindigkeit an die eine oder Beschleunigung an die andere Richtung abzugeben.

Eine Sekunde ist mittlerweile verstrichen. Das Objekt hat einen Weg von $v \times 1$ nach vorn zurückgelegt und ist um $y = \frac{1}{2}g1^2$ gefallen. Angenommen, x sei der Punkt, an dem die Kanonenkugel angelangt wäre, wenn sie überhaupt nicht gefallen wäre. Die geometrische Figur, die den Erdmittelpunkt über ϱ mit dem Gipfel des Mount Everest verbindet, den Mount Everest mit x und x über $(\rho + y)$ wieder mit dem Erdmittelpunkt, ist ein einfaches rechtwinkliges Dreieck. Natürlich ist der Gipfel des Mount Everest strenggenommen um ei-

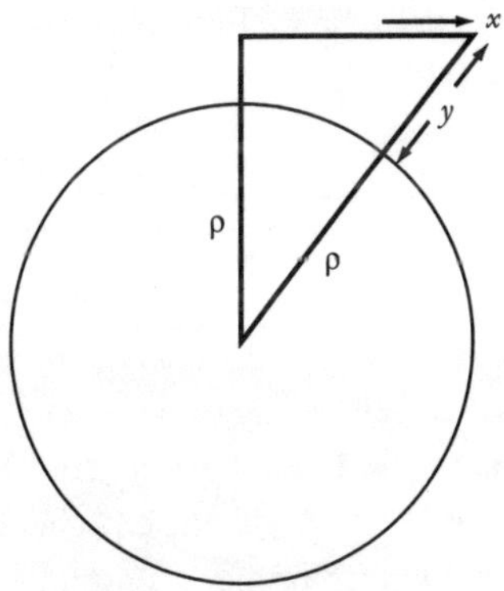

Die Bahn der Kanonenkugel

nen kleinen Betrag weiter vom Erdmittelpunkt entfernt als ϱ, und y demzufolge um diesen Betrag geringer, aber was in der Zeichnung wie ein gehöriger Abstand aussieht, ist in Wirklichkeit verschwindend gering, und die Auswirkungen fallen zwar bei der Kompliziertheit der Berechnungen, nicht aber beim Ergebnis ins Gewicht.

Also ein rechtwinkliges Dreieck. Es folgt aus der Geometrie des rechtwinkligen Dreiecks, daß

$$\rho^2 + (\nu \times 1)^2 = (\rho + y)^2.$$

Führt man die Multiplikation aus und setzt S für $(\nu \times 1)$, so ergibt sich

$$\rho^2 + S^2 = \rho^2 + y^2 + 2\rho y.$$

Aber y^2 ist winzig im Vergleich zu $2\rho y$. Es folgt, daß

$$S^2 = 2\rho y,$$

zumindest in sehr guter Näherung.

Nach ein paar algebraischen Umformungen und Ersetzungen macht diese Gleichung Platz für

$$\nu = \sqrt{\rho g}.$$

Was hier zum Vorschein gekommen ist, verbindet die Anfangsgeschwindigkeit der Kanonenkugel mit etwas anderem, offenbar einer Zahl. Um die Zahl selbst geht es nicht; sie ist dank verschiedener algebraischer Wendungen und Drehungen in den Fluß dieses Gedankens gefallen. Es ist die Art der Zahl, die entscheidend ist.

Wenn $\nu = \sqrt{\rho g}$ ist, was auch immer $\sqrt{\rho g}$ sein mag, dann muß die Bahn der Kanonenkugel kreisförmig sein. Das ergibt sich schrittweise. Indem die Kanonenkugel rund 5 Meter während der ersten Sekunde gefallen ist, ist sie auf den Punkt einer Kurve gefallen, sozusagen auf die Spitze eines Radiusvektors. Was für die erste Sekunde gilt, gilt auch für die zweite, und es gilt, mit verstreichender Zeit, für alle Punkte auf dem Umfang des Kreises. Indem sie in jedem Punkt auf den Umfang eines Kreises fällt, muß die Kanonenkugel einen Kreis beschreiben.

Aber das ganze Gewicht numerischer Geheimnisse enthüllt sich erst, wenn für verschiedene Zahlen bestimmte Werte eingesetzt werden. Der Radius der Erde ist bekannt: $\rho = 6{,}37 \times 10^6$ m; ebenso die Fallbeschleunigung: $g = 9{,}8\,\mathrm{m/s^2}$. Die Anfangsgeschwindigkeit der Kanonenkugel muß daher 8×10^3 m/s betragen.

Bei dieser Geschwindigkeit wird die Kugel einen Kreis im Raum beschreiben, dessen Radius ungefähr dem Radius der Erde entspricht. Fliegt sie ein klein wenig schneller, wird der Radius des Kreises, den sie beschreibt, ein klein wenig größer als der Radius der Erde sein.

Diese Kanonenkugel wird für immer und ewig auf die Erde zu fallen, ohne jemals auf die Erde zu fallen.

Das ist ein wichtiges Ergebnis, ein Ergebnis, das Newtons These bestätigt, die Mondbewegung und die Bewegung auf der Erde seien vom Wesen her dasselbe, indem es beweist, daß irdische Objekte sich bei ausreichend großer Anfangsgeschwindigkeit wie der Mond verhalten würden. Überflüssig zu sagen, daß jeder Satellit, der auf seinen Orbit geschickt wird, das neu bestätigt, was Newton dank seiner superben visuellen Vorstellungskraft und seiner machtvollen mathematischen Technik rechtfertigte.

Es gibt sehr wenig in der Geschichte der exakten Wissenschaften, das lebendige Bildhaftigkeit und genaue quantitative Überlegungen in einer geistigen Figur von schlagender Plausibilität vereinigt.

Genaugenommen gibt es das sonst überhaupt nicht.

Träge und schwere Masse

Innerhalb des Newtonschen Systems gibt es zwei Arten von Masse, die träge und die schwere Masse. Träge Masse beschreibt diejenige Eigenschaft eines materiellen Objekts, die dafür verantwortlich ist, daß es sich der Beschleunigung widersetzt, schwere Masse die Eigenschaft, die es veranlaßt, andere materielle Objekte anzuziehen. Träge Masse ist ein Maß für Widerstand, schwere Masse ein Maß für Anziehung. Yin und Yang, wie chinesische Philosophen sagen (bei jeder sich bietenden Gelegenheit).

Träge und schwere Masse werden an zwei unterschiedlichen Stellen des Newtonschen Systems zum Ausdruck gebracht. Newtons zweites Bewegungsgesetz stellt einen Zusammenhang zwischen Kraft, *träger* Masse und Beschleunigung her. Von Gravitation ist nicht die Rede. Newtons allgemeines Gravitationsgesetz andererseits verbindet Kraft, *schwere* Masse und Beschleunigung. Von Trägheit ist nicht die Rede. Zwei unterschiedliche Auffassungen von Masse, zwei unterschiedliche Naturgesetze:

1 $$F = m_t a = m_g g.$$

2 $$F = G\frac{M_g m_g}{\rho^2}.$$

In Gleichung 2 ist G eine Universalkonstante, M und m sind die Massen zweier materieller Objekte (sie entsprechen m_1 und m_2 in früheren Formulierungen dieser Gleichung; das tiefgestellte g zeigt jetzt an, daß es sich um Gravitation, also um schwere Massen handelt), und ϱ ist der Abstand zwischen diesen Objekten.

Ein paar chiropraktische Eingriffe, und schon wird Gleichung 2 zu

$$F = m_g \frac{GM_g}{\rho^2}. \qquad (3)$$

An der Erdoberfläche hat $\frac{GM_g}{\rho^2}$ den bekannten Wert $g \approx 9{,}8\ \mathrm{m/s^2}$ und ist damit das Maß für die lokale Fallbeschleunigung. Mit einer weiteren Umformung geht Gleichung 3 über in

$$F = m_g g \qquad (4)$$

und hat nun wieder die Form von Gleichung 1.

Jetzt führen wir zwei Gedankenexperimente durch. Im ersten befindet sich ein Objekt A auf einer ebenen Fläche und ist durch eine Feder mit einer Wand verbunden. Nur Trägheitskräfte spielen eine Rolle. Die Feder zieht am Objekt, das sich in Ruhe befindet; die Spannung der Feder ist das Maß für die Kraft, die erforderlich ist, um die hartnäckige Neigung von A zu überwinden, an Ort und Stelle zu bleiben. Newtons erstes Bewegungsgesetz ist in Kraft, es gilt Gleichung 1.

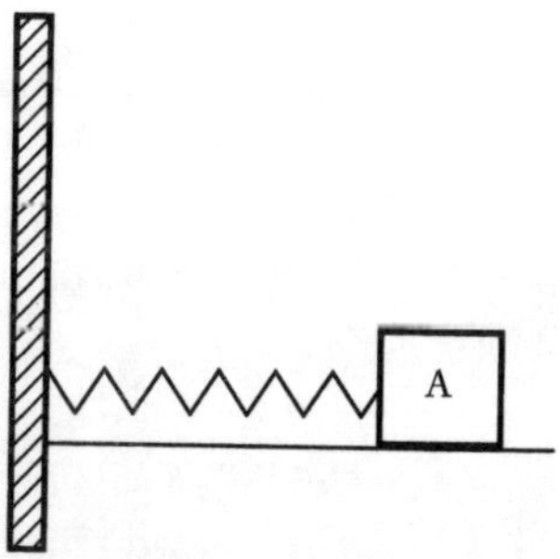

Das erste Experiment

Jetzt verzichten wir auf die Feder und drehen das Bezugssystem einfach um 90° – nichts weiter –, so daß A sich nicht mehr einer Wand gegenüber, sondern oberhalb der Erdoberfläche befindet. Zu Beginn des Experiments befindet sich A in Ruhe: seine Anfangsgeschwindigkeit ist null. Gleich darauf beginnt A erwartungsgemäß, nach unten zu beschleunigen. Die Kraft, die für diesen offensichtlichen Effekt verantwortlich ist, muß in Newtons erstem Bewegungsgesetz und damit in Gleichung 1 liegen. Schließlich hat sich außer der räumlichen Position von A an der Versuchsanordnung nichts verändert.

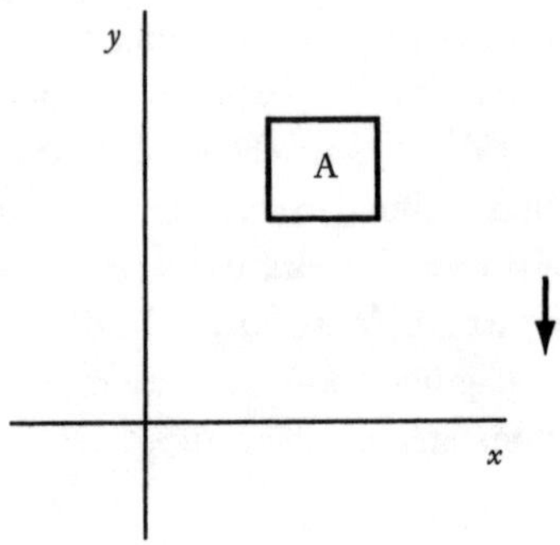

Das zweite Experiment

Aber wir Physiker wissen natürlich, daß die Kraft, die auf A wirkt, nur die Gravitation sein kann. Was sonst? Newtons zweites Bewegungsgesetz und damit Gleichung 2 liefert eine zweite Interpretation der Tatsachen zur Überprüfung. Und damit kommen wir zwangsläufig zu

5 $$F = m_t a = m_g g$$

oder einfach

6 $$m_t a = m_g g.$$

Wäre das nicht richtig, dann stünden Newtons Gesetze in Widerspruch zueinander. Wenn wir jetzt durch m_t teilen, erhalten wir

7 $$a = \frac{m_g}{m_t} g.$$

Jetzt tritt ein Beobachtungsergebnis auf den Plan:

8 *Alle Gegenstände in der Nähe der Erdoberfläche fallen mit derselben Geschwindigkeit.*

Aus 8 folgt unmittelbar, daß das Verhältnis $\left[\frac{m_g}{m_t}\right]$ gleich 1 sein muß, daß also m_g und m_t gleich groß sein müssen. Folgt? Folgt wie? Folgt logisch: Wären träge und schwere Masse nicht gleich, dann könnte g keine Konstante sein, die denselben Wert für alle materiellen Objekte hätte. Und wenn nun wiederum g keine Konstante wäre, dann könnte die Aussage 8 nicht stimmen.

Zeittafel

Alle Daten folgen dem Julianischen Kalender, das neue Jahr beginnt am 1. Januar.

1642

Galileo Galilei stirbt.

Newtons Vater stirbt vor dessen Geburt. Newton wird am Weihnachtstag in Woolsthorpe Manor in der Grafschaft Lincolnshire geboren.

1643

Newton wird getauft.

1646

Newtons Mutter Hannah heiratet erneut und zieht um auf den Hof ihres Mannes Barnabas Smith.

Newtons Großeltern bewohnen das Haus in Woolsthorpe und ziehen Newton auf.

1653

Newtons Stiefvater stirbt. Hannah kehrt nach Woolsthorpe zurück.

1655

Newton besucht die King Edward VI Grammar School in Grantham.

1658

Cromwell stirbt. Am selben Tag führt Newton sein erstes Experiment durch und untersucht die *»vis«* (»innewohnende Kraft«) eines Sturmes.

1660

Newton besucht in Grantham weiter die Schule, um sich auf ein Universitätsstudium vorzubereiten.

1661

Newton wird ins Trinity College in Cambridge aufgenommen.

1662

Newton erlebt eine Glaubenskrise und setzt eine »Liste von Sünden« auf.

1663

Der Lucasische Lehrstuhl wird eingerichtet. Erster Inhaber wird Isaac Barrow.

1664

Newton liest Descartes und entwirft die *Questiones quaedam philosophicae*, ein Programm zu studierender Themen und Fragen.
Newton erhält ein Stipendium am Trinity College.

1665

Newton erhält den Studienabschluß als *Bachelor of Arts* im Trinity College.
Die Pest bricht in Großbritannien aus. Newton kehrt nach Woolsthorpe zurück.
Allein auf sich gestellt, beginnt Newton in Woolsthorpe mit den Arbeiten, die zum Keim seiner späteren Werke in der Mathematik und der Optik werden.

1666

Newton führt eine Reihe der in den *Questiones* umrissenen Themen tiefer aus. In Ausbrüchen der Getriebenheit formuliert er in fieberhafter Arbeit seine Theorie des Infinitesimalkalküls.
Newton verbessert Galileis Berechnung der Erdanziehungskraft, indem er als erster Zentrifugalkräfte berechnet.
Newton baut auf Gedanken von Hooke, Descartes und Huygens auf.
Experimente mit Prismen führen zu der Abhandlung *Of Colours* (»Über die Farben«).

1667

Newton kehrt zum Trinity College zurück und wird in den Lehrkörper aufgenommen.

1669

Newton veröffentlicht *On Analysis by Infinite Series* (»Über die Analysis mittels unendlicher Reihen«).
Newton wird zum Professor für Mathematik auf den Lucasischen Lehrstuhl gewählt.
Newton beschreibt schriftlich das Spiegelteleskop.

1670

Newtons *Lectiones opticae* beschäftigen sich mit prismatischen Erscheinungen.

1671

Newton beginnt *A Treatise on the Methods of Series and Fluxions* (»Abhandlung über die Methoden der Reihen und Fluxionen«), ein Werk, das er nie beendet.

1672

Newtons Spiegelteleskop wird von der Royal Society begutachtet.
Newton schickt eine schriftliche Darstellung seiner *Theory of Colours* (»Farbentheorie«) an die Royal Society. (Diese Abhandlung wird als vorläufiger Ausdruck der Gedanken angesehen, die dann zur *Hypothesis on Light* – »Hypothese über die Natur des Lichts« –

wurde, die ursprünglich als Antwort auf Hookes öffentlichen Vorwurf gedacht war, Newton habe seine *Micrographia* plagiiert.)
Newton wird als Mitglied in die Royal Society aufgenommen.
Newtons Interesse an der Mathematik und der Optik nimmt ab; sein Interesse an Chemie und Theologie tritt in den Vordergrund.
Er erforscht die Gültigkeit der Heiligen Dreifaltigkeit.

1675

Newtons *Hypothesis of Light* wird an die Royal Society geschickt.
Leibniz besucht die Royal Society und erhält dabei Einblick in Newtons mathematische Schriften.

1676

Newton schickt seinen versöhnlichen Brief an Hooke, der die Metapher »auf den Schultern von Riesen« enthält.

1677

Der Schriftführer der Royal Society, Oldenburg, stirbt.

1679

Newton ist anwesend beim Tod seiner Mutter. Er verbleibt das Jahr über in Woolsthorpe, um ihre Angelegenheiten zu regeln.
Hooke übernimmt die Rolle des Schriftführers der Royal Society.
Er tritt erneut in eine Korrespondenz mit Newton über die Planetenbewegung ein.

1683

Newtons engster Freund John Wickins (und sein Wohngenosse in Trinity College) verläßt Cambridge.

1684

Halley, Wren und Hooke versuchen, die dem Entfernungsquadrat umgekehrt proportionale Beziehung auf die Himmelsmechanik anzuwenden.
Edward Halley sucht Newton auf und holt seine Meinung über elliptische Umlaufbahnen ein.

1685

Jakob (James) II., ein Katholik, besteigt den englischen Thron.

1687

Newton und andere Delegierte aus Cambridge erscheinen vor der kirchlichen Kommission des Richters Jeffrey im Fall Alban Francis. Der Fall wird zugunsten von Cambridge entschieden.
Newtons *Principia* erscheinen.

1689

Newton wird ins Konventsparlament entsandt.
Newton nimmt an einem Diner mit König Wilhelm II. teil, der nach der Vertreibung Jakobs II. im Vorjahr den Thron bestiegen hat.

1693

Allgemein beschrieben als Newtons »schwarzes Jahr«. Newton verfällt in Depressionen und sucht eine neue Stellung im Londoner Verwaltungsapparat.

1695

Newton verfaßt einen kurzen Aufsatz *Concerning the Amendment of English Coins* (»Wie die Nachteile englischer Münzen sich beseitigen ließen«).

1696

Newton wird zum *Warden of the Mint* ernannt, zum »Aufseher der Königlichen Münzprägeanstalt« und zieht nach London um.

1697

Der Münzpräger William Chaloner wird gefangengenommen.

1699

Chaloner wird wegen Hochverrats verurteilt und hingerichtet.
Der Direktor der Königlichen Münze, Thomas Neale, stirbt.

1700

Newton wird neuer Direktor der Königlichen Münze.

1701

Newton gibt seinen Lehrstuhl und seinen Rang als Professor in Cambridge auf.

1702

Königin Anna besteigt den Thron.

1703

Robert Hooke stirbt.
Newton wird zum Präsidenten der Royal Society gewählt.

1704

Newton präsentiert der Royal Society *Opticks* (»Die Optik«).

1705

Newton wird in Cambridge von Königin Anna als erster Wissenschaftler in den Adelsstand erhoben.
Newton verliert seine Kandidatur zum Parlament.

1711

Der »Prioritätsstreit« mit Leibniz über die Urheberschaft an der Infinitesimalrechnung beginnt.

1713

Die zweite Auflage der *Principia* wird veröffentlicht.
Newton ernennt Halley zum Schriftführer der Royal Society.

1714

Königin Anna stirbt. Ihr Nachfolger auf dem Thron wird Georg I.

1716

Leibniz stirbt.

1717

Eine zweite englische Ausgabe der *Optik* erscheint.

1721

Eine dritte englische Ausgabe der *Optik* erscheint.
Halley zieht sich aus der Royal Society zurück.

1726

Eine dritte Auflage der *Principia* erscheint.

1727

Newton stirbt und wird in Westminster Abbey beerdigt. Seine Schriften zu dieser Zeit belegen seine Verwerfung der Dreifaltigkeitslehre.

1728

The Chronology of Ancient Kingdoms Amended (»Berichtigte Chronologie der überlieferten Königreiche«) erscheint posthum.

»Sollte die Natur ein Buch sein«,

sagt David Berlinski,

»dann keines, das leicht zu lesen wäre« – daß diese Annahme nicht so ganz richtig ist, wissen Sie, verehrte Leserin, geehrter Leser, spätestens bei der letzten Seite der faszinierenden Geschichte, deren Lektüre Sie gerade beendet haben.

Und für die Bücher, die wir auf den folgenden Seiten für Sie bereithalten, trifft das erst recht nicht zu: lebendige Wissenschaft, Lebensläufe, die es in sich haben ...

blättern Sie um ...